"十二五"普通高等教育本科国家级规划教材

上 海 市 一 流 学 科 建 设 项 目

东华大学服装设计专业主干教材

FASHION DESIGN 5
服装设计

专项服装设计

（第 2 版）

厉　莉　刘晓刚　编著

海派时尚设计与价值创造知识服务中心

东华大学出版社

·上海·

图书在版编目(CIP)数据

专项服装设计/厉莉,刘晓刚编著.—2版.—上海:东华大学出版社,2015.8
(服装设计;5)
ISBN 978-7-5669-0816-2

Ⅰ.①专… Ⅱ.①厉… ②刘… Ⅲ.①服装设计—高等学校—教材 Ⅳ.①TS941.2

中国版本图书馆 CIP 数据核字(2015)第 146136 号

责任编辑　吴川灵　徐建红
封面设计　Callen

东华大学服装设计专业主干教材

服装设计5:专项服装设计(第2版)
FUZHUANG SHEJI 5:ZHUANXIANG FUZHUANG SHEJI

厉　莉　刘晓刚　编著

出　　版:东华大学出版社(地址:上海市延安西路1882号　邮政编码:200051)
本 社 网 址:http://www.dhupress.net
天猫旗舰店:http://dhdx.tmall.com
营 销 中 心:021-62193056　62373056　62379558
电 子 邮 箱:425055486@qq.com
印　　刷:苏州望电印刷有限公司
开　　本:787 mm×1092 mm　1/16
印　　张:14.5
字　　数:410 千字
版　　次:2015 年 8 月第 2 版
印　　次:2015 年 8 月第 1 次印刷
书　　号:ISBN 978-7-5669-0816-2/TS・618
定　　价:49.50 元

前　言

"服装设计 1—6"是素以纺织服装学科著称的东华大学通过长年教学实践经验积累而形成的服装设计专业本科生系列主干课程,分为"服装设计概论""男装设计""女装设计""童装设计""专项服装设计""服装设计实务"6门既相对独立又前后贯通的系列课程。为了"教学有教材、授课有课本",东华大学服装学院组织专家学者和骨干教师,在2007年前后相继编写出版了与本系列课程配套的同名系列教材。经过多年使用和多次印刷,本系列教材已形成了一定的社会影响力,并申报成为"十二五"普通高等教育本科国家级规划教材。

2008年,在学校的重视支持下,在师生的共同努力下,东华大学"服装设计"系列课程获得了"国家级精品课程"称号;2009年,承担该课程教学任务的团队获得了"国家级教学团队"称号。

近年来,伴随着我国经济建设取得的辉煌成就,服装产业也发生了巨大变化。无论是服装的设计、生产、销售,还是品牌的延伸、推广、维护,或是行业的供应、服务、配套,整个服装产业链都有了长足进步。作为承担服装设计人才培养主要任务的高等服装设计教育,各高校结合当地服装产业基础和学校办学特色,教学内容和培养模式也都在一定程度上有了与之相适应的变化。为了主动适应行业变化和人才需求,作为国家级教学团队的东华大学服装设计教学团队,有责任也有义务,对原来的"服装设计1—6"课程进行改革,并编写符合新的服装产业发展形势的专业教材。

本次教材编写出发点是坚持既定培养目标,配合教学改革计划,保持原有教材特色,调整部分章节结构,优化深化核心内容,新增学科前沿知识,融入行业通行手段,在专业建设必须满足连续性建设要求的基础上,增加适应产业变化的灵活性,成为经得起时间考验的,既方便于掌握服装设计一般规律和系统知识,又有利于熟悉服装设计业务流程和实操技能的本专业经典教材。

东华大学设计学科被列为"上海市一流学科"建设,服装设计专业是其中的重要建设内容之一。本系列教材的编写出版受到该建设项目的资助。

FASHION DESIGN 目录

第一章　针织服装设计　1

第一节　概述　2
第二节　针织服装性能特征及分类　3
第三节　针织服装设计方法　11
第四节　针织服装造型方法　17
第五节　针织服装色彩搭配　22
第六节　针织服装面料选择　25
第七节　针织服装产品设计　29

第二章　毛皮服装设计　35

第一节　概述　36
第二节　毛皮、毛皮服装的特征及分类　40
第三节　毛皮服装设计方法　50
第四节　毛皮服装制作工艺　55
第五节　毛皮服装设计生产流程　62

第三章　内衣设计　67

第一节　概述　68
第二节　内衣材料特征及分类　72
第三节　内衣的分类　76
第四节　内衣设计风格　87
第五节　内衣设计要素　90
第六节　概念内衣新理念　92

第四章　职业制服设计　97

第一节　概述　98
第二节　职业制服的特征及分类　103
第三节　职业制服的发展趋势　108

第四节　职业制服设计方法　　111
　　第五节　职业制服设计流程　　118

第五章　比赛服装设计　　129
　　第一节　概述　　130
　　第二节　比赛服装的特点及分类　　131
　　第三节　比赛服装面料特点及分类　　138
　　第四节　比赛服装设计方法　　144
　　第五节　比赛服装设计的灵感思维积累　　150
　　第六节　比赛服装的设计流程　　151

第六章　演艺服装设计　　159
　　第一节　概述　　160
　　第二节　演艺服装材料特征及分类　　162
　　第三节　演艺服装分类及特征　　163
　　第四节　舞台类演艺服装　　166
　　第五节　广场类演艺服装　　172
　　第六节　影视类演艺服装　　175
　　第七节　演艺服装设计流程　　178

第七章　公益服装设计　　185
　　第一节　概述　　186
　　第二节　公益服装分类　　187
　　第三节　公益服装款式设计　　190
　　第四节　公益服装色彩与面料设计　　192
　　第五节　公益服装的图案印刷工艺　　194

第八章　礼服设计　　199
　　第一节　概述　　200
　　第二节　礼服分类　　202
　　第三节　礼服设计原则　　207
　　第四节　礼服设计构思　　209
　　第五节　礼服设计要素　　213

参考文献　　223

后记　　225

第一章 针织服装设计

  在服装设计教学中一直以梭织面料服装为重点,但随着国内外服装产业发展,针织服装产业发展迅猛,针织服装因其良好的穿着舒适度和功能性,受到了广泛的欢迎。随着对针织服装需求的增长,培养针织服装设计人才的需求也日益增加。

第一节　概　　述

随着服装的发展和消费观念的更新,针织服装已成为现代服装中的一个重要的组成部分。与其他类型的服装相比,针织服装有着一定的优势和个性特征,尤其在家用、休闲、运动服装方面具有独特优势。

一、针织服装的定义

针织是将长纱线弯曲成线圈并将线圈相互交织成针织布或针织成品的过程,分为手织(用钩针或织针)和机织两种。

针织服装包括用针织面料制作或用针织方法直接编织成型的服装,它是指以线圈为最小组成单元的服装。针织服装一般来说是相对于梭织服装而言,梭织服装的最小组成单元则是经纱和纬纱。

二、针织服装的制作

针织面料的服装制作过程与梭织服装类似,是经过设计、剪裁、缝制和整理而成的,但因为面料的结构和性能不同,所以其外观、服用性以及制作加工中的具体方法都有一定的差异(图1-1)。

针织成型服装是在款式设计之后,用手工或机器编制出成型服装坯件,不经过或极少量的裁剪而将坯件缝合,再经过后整理、加工而成的服装(图1-2)。

图1-1　近年流行的针织太空棉面料塑造了与以往针织悬垂合体不同挺括质感

图1-2　粗棒针编织毛衫外套具有漂亮的立体花纹

三、针织服装的发展

在人类历史发展的进程中,编织品是伴随古代文明逐渐形成和发展的。据史料记载,远在上古时代,我们的祖先就开始穿用针织品。最早的针织品是手工编织的。从手工编织到机械编织历经几千年的反复实践,直到1589年,英国人威廉·李(William Lee)发明了历史上第一台针织机,开创了针织工业的历史。1896年,上海成立了中国第一家针织厂——上海云章衫袜厂,标志着我国针织工业的开始,至今已有百年历史。由于针织品生产性和应用性两方面的优点突出,针织服装得到较快的发展。20世纪70年代,针织服装在整个世界范围内日益受到人们的青睐,世界服装领域呈现出向针织产品发展的趋势。世界针织服装逐年递增5%~8%,而梭织服装才递增2%。一些发达国家如美国、英国和日本等其针织服装与梭织服装的比例为35%~45%,甚至达到45%~55%。根据世界权威组织对纺织行业的远期预测,针织工业未来的地位将超过梭织工业。

在20世纪50年代初,针织服装中的圆机织物主要以内衣为主,横机织物以外衣为主。到20世纪60年代中期,化学纤维工业的迅速发展以及针织技术水平和针织机械性能的不断提高,为发展针织服装奠定了基础,从20世纪80年代初开始针织服装的品种、质量、生产数量得到高速发展。随着国民生活水平的不断提高,对针织服装的需求也在不断上升,可见针织服装的设计与开发在服装的生产和发展中已占有重要的位置并有着广阔的发展前景。

四、针织服装的现状

近几年国内针织服装业也获得了迅猛的发展,2013年我国对欧盟市场、美国市场、东盟市场、日本市场的针织服装累计出口量提升2.8%~35%,价格提高1.2%~3.2%。我国进口针织服装1.82亿件(套),同比增长30.92%,增长率比梭织服装高出7.43%。目前我国针织服装与国际水平相比还有距离,但可以看出这是一个极具发展潜力的服装门类。针织服装的发展正向着针织内衣外衣化、针织毛衫时装化、针织服装多样化、针织服装设计多元化的方向发展。要想针织服装及其设计更上一层楼,就必须做好软硬两手准备。软指的是设计实力和运作水平的提高,硬指的是高端设备、材料研发的提高,努力做好先进工艺和原辅材料等方面的准备工作。还要提高教育水平,做好专业人才培养工作。所以,针织服装企业要能够游刃有余于新的国际市场环境之中,切实走新兴工业化的道路,必须坚持以人为本,依靠科学技术进步,实现行业的可持续发展,就一定能进一步促进针织产品的高质化、时尚化、生态化,从而有广阔的市场占有率。

第二节 针织服装性能特征及分类

制作针织服装的针织物是由线圈相互穿套连接而成的织物,是织物的一大品种。原料主要为棉、麻、丝、毛等天然纤维,也有腈纶、锦纶、涤纶等化学纤维。针织物组织变化多样,品种繁多,已逐渐发展为风格独特的、系列化、时装化的面料。针织服装除了常规的内衣、T恤、汗衫品类以外,随着针织业的发展以及新型整理工艺的诞生,还可以作为西服、衬衫、外套、连衣裙等服装品类的面料。针织服装穿着具有舒适、吸汗、透气的功能,已经成为服装的一个重要的组成部分。

一、针织服装的性能特征

针织服装主要的性能特征:

(一) 弹性好

针织服装面料由于靠同一根纱线形成横向或纵向联系,当一向拉伸时,另一向会缩小;而且能朝各方面拉伸,伸缩性很大、弹性好。因此针织服装手感柔软,富有弹性,穿着时适体,能显现人体的线条起伏,又不妨碍身体的运动。

(二) 透气性好

针织服装面料的线圈结构能保持较多的空气,因而透气性、吸湿性和保暖性比较优良,使服装穿着时具有舒适感。

(三) 尺寸稳定性差

由于线圈结构,伸缩性很大,弹性好,针织服装面料尺寸的稳定性不好。

这些性能特征是一般针织服装所共有的,因此成为设计师在进行设计前所必须考虑的首要因素。根据不同风格的针织服装特征进行设计时,如要设计紧身适体、充满动感的针织服装,弹性好是个优点,要充分利用这一优点;而设计制服类的针织服装时,要求挺括、不变形,这时弹性好是个缺点,设计师则应考虑采取必要的手段(如加衬、改变原料成分等)以克服这一缺点。

二、针织服装的分类

通常情况下将针织服装分为针织外衣类、针织内衣类和针织配件类。其中针织毛衣属于外衣类的一种,由于其在针织服装品类中的重要性,在下文中单独划分为一类。同时,童装在设计上与成年服装不同,而且针织面料在童装中用得较多,所以把针织童装也列为单独的一类。

(一) 针织外衣

针织外衣是指在公共、社交、工作、运动等场合可以外穿的针织服装。从服用结构上可以分为上衣、裤子、裙子、大衣、套装、连衣裙等;按服装用途可以分为毛衣、社交礼服(晚礼服、宴会服等)、一般礼服、日常用服(休闲服、职业装、家庭便服等)、运动服;按性别年龄穿着对象分为男外衣、女外衣和童装等。从以上的分类中归纳出几个主要的品种为:T恤衫、休闲服、运动服、职业装。

1. T恤衫

T恤衫的基本款式为无领恤衫、翻领Polo衫。由于其服用方便、舒适,兼具内衣、外衣的双重功能,是针织服装中比较重要的款式品类(图1-3)。

2. 休闲服

休闲服指在工作时间以外的社交、度假、疗养、休息时所穿的服装。针织休闲服具有舒适、透气、穿脱方便的特点,充分体现了休闲装舒适随意、潇洒自如的特点(图1-4)。

图1-3 针织T恤衫

图1-4 针织休闲服

3. 运动服

　　从事各种休闲运动、体育运动时穿着的服装,包括运动服和旅游轻便服等。由于针织面料独有的良好伸缩性、柔软、吸湿、透气的特点,在专业运动项目中以针织服装为主,如泳装、体操服、各种球类运动服等,其中针织面料的功能性尤为重要(图1-5)。

4. 职业服

　　职业服主要以梭织服装品类为主,但是由于针织面料穿着舒适、手感柔软、价格适中的原因,被越来越多的企业所接受并运用于职业服中。在职业服中常见的针织品类有T恤衫、针织开衫和针织背心(图1-6)。

图1-5 针织休闲运动服

图1-6 职业服冬季服装配置中常见的V领针织衫

（二）针织毛衣类

针织毛衣是编织类针织服装的通称，是指用羊毛、羊绒、驼绒、兔毛、马海毛等各类毛纱线或毛型化纤纱线编结的服装，俗称毛衣，是针织外衣的一种。毛衣除了从品类来区分外还可以从加工方法上分为机织毛衣和手工编结两大类。机织毛衣通常在平型纬编机上生产，通过放针和收针，根据需要直接编织成型衣片，然后通过衣片的缝合制作成毛衣，一般不需要剪裁。单排机能编织基本组织的织物，双排机能进行拼色编织，通常拼色比较规则，如色条和方格纹样，提花机则可编织各种各样的花色织物。手工编结毛衣是毛衣的一大特色，通常使用棒针手工编结而成，也称棒针衫。相对机织而言，手工编结更为灵活多变，它完全可以根据个人的爱好和设计要求自由变换花样，随意设计款式，使毛衣富于变化，个性十足。

现在的毛衣越来越倾向时装化，品种极为丰富，款式、色彩、图案、针法随季节和流行的变化而不断更新。毛衣风格多样，或粗犷、或休闲、或优雅、或简洁活泼，而且从幼儿到老年不受年龄限制，穿着范围非常广泛，是针织服装中的一个重要门类。从款式上可以分为开衫、套头衫、连帽衫、外套、裙装等品类。

1. 针织开衫

针织开衫是衣服正面门襟处有拉链或扣子等连接件的短上衣，又可称为针织开襟。针织开衫穿着方式简便、服用体感舒适，常被应用于休闲服、职业服、运动服的款式中（图1-7）。

2. 针织套头衫

针织套头衫是从头部开口穿着的针织服装，根据领部变化可以分为有领和无领两种。其中有领针织套头衫又可分为高领、低领等；无领针织套头衫可分为V领、圆领、方领等（图1-8）。

图1-7　针织开衫

图1-8　个性图案设计圆领针织套头卫衣

3. 针织背心

针织背心是无领套头衫的一种演化品类，无袖结构，常见的有V领、圆领，多搭配衬衫穿着，常被应用于职业服的冬季品类中(图1-9)。

4. 针织大衣

针织大衣又可称为针织外套,对材质的选择、尺寸的稳定性、服装合体性等要求较高,一般采用手工编织工艺为主。根据衣长可以分为针织短大衣、中长针织大衣和长针织大衣(图1-10)。

图1-9　圆领针织背心

图1-10　拼皮兜帽针织大衣

(三)针织内衣

针织内衣是指穿在外衣里面、紧贴肌肤的针织服装。针织内衣有上下装之分,通常下装又叫内裤。

与梭织面料相比较,针织面料的手感好,弹性佳,透气性和吸湿性好,穿着舒适轻便,所以大多数的内衣都选择了针织面料。内衣中常用的针织面料有全棉针织布、棉与化纤交织针织布、丝织针织布。天然纤维类吸湿、透气、保温性好,不刺激皮肤,分为丝质和棉质两种。化纤类有锦纶、氨纶和涤纶等,有伸缩性好,牢度强,而且耐洗、易洗、快干等优点。针织内衣可分为普通内衣、矫形内衣和装饰内衣等。

1. 普通内衣

普通内衣包含汗衫、内裤、卫生裤、棉毛衫裤、紧身衣、健身衣、保暖内衣等,普通内衣具有吸湿、吸汗、保持外衣清洁及形态自然的作用。普通内衣多为纯棉或混纺纱织制,汗衫、内裤等轻薄透气,男装款式简单,女士较为花哨。棉毛衫裤一般为双罗纹组织,厚实保暖,适用于秋冬季节贴身穿着。健身衣等可根据需要选用针织面料,以丝织针织物和化纤针织物居多(图1-11、图1-12)。

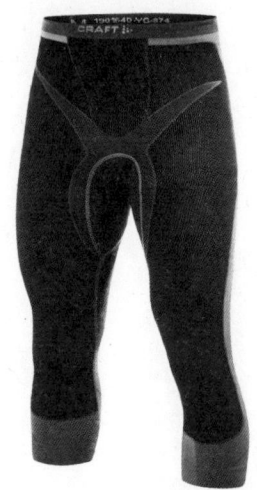 

图1-11 功能性针织运动健身裤　　　　　图1-12 针织棉毛衫套装

2. 矫形内衣

矫形内衣一般包括文胸、腰封、束裤、全身束衣、吊裤带等。矫形内衣主要是为了修正人体的某些缺陷，使体形完美，如矫正胸部造型、束平腹部等，还可以辅助衣服的轮廓造型。矫形内衣款式多样，一般采用收缩性较好的弹力网眼经编织物（图1-13）。

3. 装饰内衣

装饰内衣包括吊衣裙、衬衣裙、衬衣裤或睡衣等，通常穿在贴身内衣外面和外衣里面。装饰内衣的功能是为了使外衣便于穿脱，保持服装的基本造型，而且可以避免面料粗糙的外衣对人体的刺激，同时还可以减轻贵重面料的磨擦。睡衣类则是为了实用方便和美观，同时还可以营造温馨的家庭气氛（图1-14）。

图1-13 矫形塑身内衣运用针织面料收缩特性达到束身效果　　　　图1-14 蕾丝装饰吊带内衣可贴身穿着或作为睡衣使用

(四)针织配件

作为与针织服装或其他时装配套之用,针织配件具有不可或缺的作用。尤其在年轻活泼的休闲服装搭配中,针织配件几乎成了必备品。针织配件主要包括以下几类(图1-15):

图1-15　丰富的各类针织配件

1. 针织围巾

针织围巾可根据不同服装风格进行设计,从针织面料的花色、质地到款式变化不一,种类繁多。如大一点的可披至肩头或垂至脚踝,小一点的仅仅系在脖颈周围。适合不同服装配饰的需要,可选用单色、花色、粗针织或细针织等。

2. 针织帽

针织帽款式变化极为丰富,老少皆宜。有手工编结而成,也有针织布缝制而成,一般冬季用帽多为各类毛线、花式线编结,夏季则多为网眼或其他针织布缝制。

3. 针织手套

针织手套按用途分为装饰用、保暖用和劳保用,按材料和织法可分为毛线手工编结、纱线机织或针织胚布缝制。装饰用手套花色繁多,可厚可薄,尼龙、弹力丝、毛线均可使用;保暖用手套一般用比较厚实的针织布或纯毛线;劳保用手套多用各类结实的针织布或白色原纱线,如最常见的白色劳防用手套。

4. 针织袜

针织袜是花色品种最为繁多的针织配件。特别是与轻快活泼的少女装搭配时,针织袜的设计种类可谓应有尽有,有弹力尼龙袜、毛巾袜、花样丝袜、卡普隆丝袜等,有连裤袜、高筒袜、中袜等不同长度之分,还有单面平针织、双面凹凸针织、单色混色针织等不同花色变化。

(五)针织童装

针织童装是指针织面料制成的童装,它既包括针织布为面料制成的童装,也包括以编结的形式制成的儿童毛衫。针织童装设计最重要的是要掌握不同时期儿童的体态和心理特点。针织童装在追求舒适、方便、美观、实惠的基础上,对其功能性、实用性、美观性的标准更为明确。

1. 婴儿期

婴儿期服装的造型简洁,穿着舒适与方便,一般使用上下相连的直筒型,比较宽松。最为常见的内衣为棉针织面料的对襟或斜襟套装,还有一种常见的初生婴儿连衣连裤连袜套装。常见的针织婴儿外衣以斜襟的小毛衣、小毛裤、棉针织小夹袄、小棉裤为主,还有抱裙、斗篷等(图1-16)。

图1-16　采用纯棉面料的婴儿连体针织衫

2. 幼儿期

幼儿装是指1~6岁儿童穿着的服装。幼儿服装要求穿脱方便,便于运动,功能性强,舒适透气,造型以O型、H型为主。多使用柔软、吸湿、舒适的高支纱针织面料如纯棉、棉麻混纺、丝棉混纺等,秋冬季幼儿的内衣宜选择保暖性好、吸湿、柔软的针织料,外衣以加厚针织面料和毛衫为主,在局部经常磨擦的部位,可用一些防撕扯的面料或经过防污处理的布料;辅料及配饰上使用方便、安全的细尼龙贴条取代拉链和扣子;款式多变,色彩多样的针织毛衫是幼儿装的重要组成部分,极大地丰富了幼儿装的选择余地。

3. 学龄期

服装的功能性和美观性相结合是这一时期童装的典型特点,款式多样具有可调节性和组合性,简洁大方,宽松舒适,便于活动,造型多样,有恤衫、衬衫、夹克、背带裤、背带裙、网球裙等。运动休闲装也是这个时期较多的款式,如针织套头衫和针织便装的组合,各类针织印花小恤衫与牛仔裤的搭配等。面料以针织棉织物为主,要求质地轻、牢,容易去污,耐磨易洗。春夏季选用纯棉针织恤、运动套衫等;而秋冬则以灯芯绒、厚针织物为主,或者由绒线或膨体毛线织成的各式毛衫。

第三节　针织服装设计方法

针织服装设计采用面料本身织纹的变化、色彩变化等方法来强调针织服装的实用功能和外观形态,如采用印花代替针织服装中常用的提花等;或采用不同面料的组合镶拼设计,来发挥不同面料的外观和性能特点,如在需要透气、舒爽的部位镶拼网眼布;或对其进行特殊的边饰设计,如在衣服的袖口、领子和下摆处装饰具有伸缩性能的罗纹布;或对其进行外观装饰、添加装饰物设计。针织服装设计的具体运用手法变化多样,主要有以下几种类型。

一、针织服装面料的自身设计

随着新原料、新工艺的开发,计算机的引入,新型针织面料不断涌现,如花式纱线针织物、花色拉绒针织物、金银丝和五彩丝线交织的针织物、经编粗针毛绒珠片针织物以及在电脑横机上生产的各种大、小提花针织物,这些产品都是利用针织面料自身的组合设计,使面料本身产生独特的肌理效果,可开发出各种不同风格的产品,这为针织服装设计提供了丰富的基础。针织面料自身的组合设计主要涉及以下几个方面的内容。

(一)织纹变化

因为织造工艺的不断发展,使织纹的变化突破了传统的束缚,有了更加丰富的外观效果。如现在十分流行的各种镂空织纹变化,使针织服装有了轻盈、透明的观感,相当柔美。同时利用针织物织法变化丰富的特点,可设计出各种不同风格的产品,同时织纹的组合变化与合理配置也可以增加服装的装饰性和整体美(图1-17)。

(二)色彩变化

色彩是针织服装中最基本也是最重要的视觉因素,针织面料的色彩与织物的纱线、组织结构、花型图案都有着必要的关联。如采用花式纱线可以使针织衫的色彩表现力愈加丰富、新奇。金银丝可产生奢华的效果;渐变色纱和段染纱线可以打造不规则的自然效果。如在平纹的针织面料中夹杂不同的颜色,采用色块交织分割、晕染、绞染及串拼等方法打破平纹织物的单调感。运用高明度色彩可使服装显得活泼、明快;选取低明度色彩,可显得沉静、个性。在了解针织面料性能特征的基础上,将色彩的装饰性功能发挥到极致,使得针织服装风格更多样化。

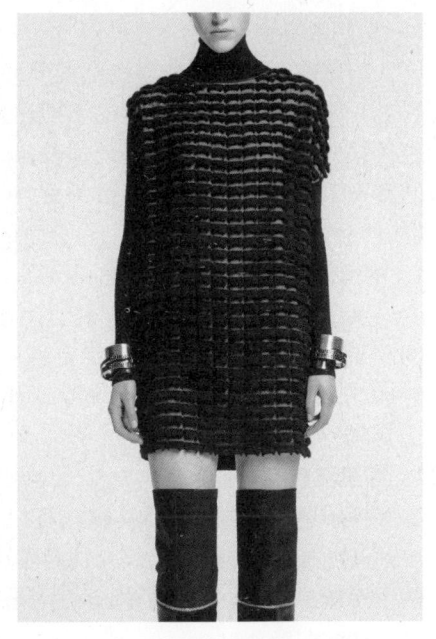

图1-17　迷你方瓦片状立体织纹

(三)面料肌理变化

通过针织组织结构变化、经过特殊的后整理加工或在服装表面进行附加装饰,可以使织物表面形成特殊的肌理效果,这种设计手法既可以表现外观简约的设计思想,展现拙朴的成衣效果,也可以凸显繁复的肌理变化,烘托个性的针织服装。

(四)不同针法

由于针织物的单元结构是线圈,而线圈的变化组合方式是多变的,所以针织物的针法也变化丰富。不同的针法使得针织面料具有不同的纹路和肌理,形成情趣各异的图案和质地。不同针法、花纹的织物可以使服装具有截然不同的风格,比如款式完全相同的针织服装,如果用机织单面平针,就会给人以典雅精致的感觉,但是如果用手工编结出双面凹凸花纹,再经过花纹疏密、大小的穿插变化,则会给人或严谨、或活泼、或粗犷等风格迥异的感觉。不同的针法经过多种搭配组合和变化,可以加强针织服装的时装化,赋予服装丰富的艺术效果。

针织服装相同的针法还可以成为关联性因素使服装形成系列化搭配,如面料不同的内衣和外套,在花色上取得统一,就会取得和谐统一的效果,许多针织套衫就是这样形成系列的。所以针法是形成服装变化的主要元素,是针织服装设计研究的重要方面。

二、面料镶拼设计

镶拼是针织服装的一大特色。由于针织面料的性能特点而造成针织服装结构造型上的单调性,所以针织服装经常采用镶拼的手法来加强服装的实用性和审美性。镶拼可以发挥不同面料的性能特点,而且可以通过色彩花样的搭配弥补其在造型设计上的单调感。针织服装的镶拼设计可分为同质镶拼和异质镶拼。

(一)同质镶拼

同质镶拼服装是指镶拼的面料均为针织面料。将品种、色彩相同但是针法、织纹不同的面料进行镶拼,追求服装面料的不同质感和肌理的对比、变化;将品种和色彩都不相同的针织面料进行镶拼,取得丰富明快的视觉效果;而当针织面料的花样、品种、色彩都不相同而且运用多变的镶拼手法时,会使得设计富于变化,但是要注意多种不同元素组合时的协调和统一。具体有以下几种类型。

1. 不同性能的针织面料组合

利用不同的针织物面料进行组合设计,如在衣服的领子下部或腰部镶拼弹性优良的罗纹;在需要透气、舒适部位镶拼镂空织物,使服装既具有面料质感的对比变化,又有实用功能(图1-18)。

2. 同质异色镶拼

不同色彩的针织面料组合,可以利用色彩的明度或饱和度的变化,相近色或对比色的组合,搭配出不同的色彩效果,使服装显得生动而不单调,给人以多变、有层次和明快感。

3. 花色面料镶拼

印花或色织的面料中,同色或异色花型的大小以及花型形状有差异,运用这些差别进行规则或不规则的镶拼,具有新颖别致的设计感。

4. 织造与印花面料镶拼

素色针织物与印花针织物,提花针织物与印花针

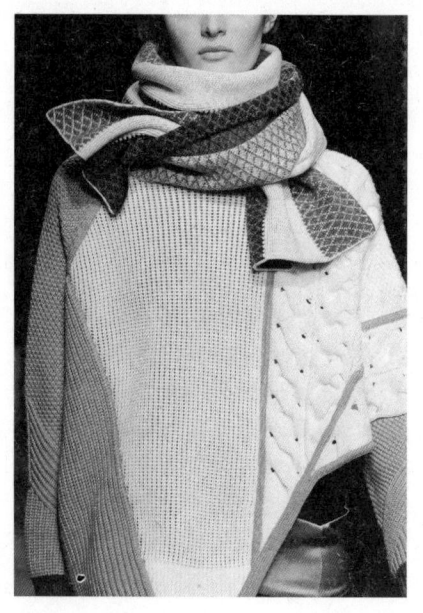

图1-18 不同织造肌理的针织面料组合镶拼

织物镶拼并相互衬托映照,在对比中显示出特色。

(二) 异质镶拼

针织服装的异质镶拼是指将针织面料与其他种类的面料进行镶拼,如与皮革、毛皮或梭织面料镶拼,使服装不仅具有实用功能,同时还兼具装饰效果。一方面出于实用功能,如针织服装经常在易摩擦的部位使用耐摩擦的面料,以延长针织服装的穿着寿命;另一方面出于装饰功能,异质镶拼是利用各种面料中不同性质、不同外观效应的组合,在服装上取得各种不同的装饰效果,使服装外观与内涵呈现多变性。异质镶拼是针织服装设计中常用的手法。针织面料与梭织面料或皮革等镶拼,汇集不同材质的特性于一体,迎合时装新潮,产生高雅优美或豪放强烈的各种装饰效果。

三、针织服装的边饰设计

由于针织面料的脱散性和卷边性,使得针织服装在衣边上的处理上通常要采用一些有别于梭织面料的边饰设计手法,既可以防止边缘脱散、减轻卷边,又可以形成特有的装饰。如薄型针织服装故意外露的拷边,采用不同的针法和弹性较好的装饰线,既实用又美观;再如针织礼服上的滚边处理,既能防止针织面料衣片边缘的皱缩,又可以当作很好的装饰工艺,使服装整体造型平整端庄、秀丽生动,而且还可以根据需要变换滚边的宽窄、颜色的深浅、材料的质地,形成不同的装饰风格。不同的面料、针法和工艺以及不同的服装造型对边饰所用的材料、工艺有不同的要求。如比较柔软疏松的厚针织面料,适合风格粗犷、工艺简单的边饰,如粗线拷边,编带等;质地细腻柔软的薄针织面料则适合风格温和、工艺讲究的边饰,如滚边、细罗纹等。

四、针织服装的装饰设计

由于针织面料中,不宜采用复杂的分割线和过多的缉缝线,为消除造型中的单调感,通常利用装饰手段来弥补其不足。装饰的方法很多,大致可分为以下三类。

(一) 装饰饰件

在式样平淡的服装上巧妙地搭配各种饰件,如在衣领、袖口及下摆上点缀飘带或抽结,在腰部加上腰带或在服装上适当加缀装饰纽扣和佩戴胸针、胸花、项链等。

(二) 装饰图案

装饰图案是针织服装中常用的一种美化方法,如贴花、补花、织花、绣花、珠绣、缎绣等,常用的图案装饰部位有领口、袖口、肩部、下摆,也可以在下装的裤口、裤腿、裙摆等处,图案的选材可以是花草、文字、人物等。只要能够与服装整体相协调的图案都能够起到很好的装饰效果(图1-19)。

图1-19 手工棒针珠片线衫胸前装饰镭射贴片字母

（三）装饰工艺

针织服装的装饰工艺一般均为无虚线提花，这种装饰工艺其成品重量轻，花形自然柔美，常常用于一些高档或轻薄的针织服装；或有虚线提花，这种工艺图案纹样丰满，色彩变化丰富，图案纹样的形式有一定的自由度，由于是双层纱线，其成衣显得厚实，一般用于中低档针织服装。还可以利用针织面料的后处理等特殊的工艺处理，如对针织线毛衫进行磨砂处理，来获取陈旧、原始粗犷美，或点缀一些绒球以及装饰云片或各种的珠片、钻饰，来强调针织服装的造型风格。

五、针织服装的设计灵感及表达

针织服装设计是一种充满挑战性、创造性的艺术工作，每个设计新款从设计构思到作品完成，都是经过设计者不断思考的创作过程。设计灵感是作品的灵魂，可以从生活的方方面面来汲取设计的创作来源，再用平面或立体的表达方式把设计者概念中、思维中构想出来的设计进行可视化、直观地展现。

（一）针织服装设计的灵感来源

设计灵感的涌现与否是设计者才华多寡的表现。如果设计作品中没有灵感体现，那作品只是照搬生硬的设计原理，失去了用灵感打动他人的设计元素。灵感是一种稍纵即逝的突发性思维，是人类无法控制的，可见灵感得之不易。虽然如此，它又不是神秘、不可捉摸的现象，它往往是设计者对某个问题的实践与探索，不断积累经验使思维成熟后迸发的结果。同其它种类的服装设计一样，针织服装设计也需要灵感的支撑，它的灵感启示主要有以下几类。

1. 音乐的启示

在悠悠的历史文化长河中，音乐是最早出现并无疑是最具感染力的艺术形式之一。音乐中的节拍形成节奏，音乐中不同乐音组成旋律，服装设计师从音乐中汲取设计灵感，成为服装设计不可忽视的灵感来源。现代音乐中各种不同节奏给人以不同的联想，传统的古典音乐，如轻音乐、小夜曲等让人联想到曳地长裙，造型优雅的晚装；而节奏强烈的风格前卫的现代摇滚、重金属音乐，使人联想到帅气、前卫的牛仔、皮装。在针织服装的设计领域，音乐暗示着装者的心理，音乐的灵感作用总是被发挥得淋漓尽致。

2. 建筑学的启示

服装设计从建筑的造型、结构以及形式美法则中汲取设计灵感由来已久。早在古希腊时期的裹缠式服装就明显受古希腊各种柱式的影响；在13世纪欧洲的妇女服装就吸收了哥特式建筑的立体造型，从而产生了立体服装，高耸头顶的"安妮"帽亦与哥特式建筑有异曲同工之妙。当代法国时装大师皮尔·卡丹（Pirre Cardon）的飞檐造型即是受中国古典建筑翘角飞檐的启示。泱泱大观的古今世界建筑艺术，无论是传统的还是现代的建筑都为针织服装的构思带来了新的启示（图1-20）。

图1-20 灵感来自于摩天大楼，混凝土块结构组成的创意针织服

3. 仿生学的启示

仿生学是一门介于生物科学与技术科学之间的边缘科学。它将各种生物系统所具有的功能原理和作用机理运用于新技术工业设计，为设计打开了另一片全新的领域。

在现代服装设计中，模仿生物界形态各异的造型而设计的作品往往别具魅力。西方18世纪的燕尾服、中国清代的马蹄袖，以及现代的鸭舌帽、蝙蝠衫等皆是仿生设计的经典实例。服装设计师善于从生物形态中开拓思路，找到针织服装设计的灵感（图1-21）。

4. 艺术风格的启示

艺术之间是相通的，绘画中的线条与色块，以及各种不同的绘画流派，均给予设计师无穷的灵感。比如波普艺术风格源自20世纪50年代中期的英国，"POP"是"Popular"的缩写，意为"通俗性的、流行性的"。至于"POP Art"所指的正是一种"大众化的"、"年轻的"、"趣味性的"、"商品化的"、"片刻性的"形态与精神的艺术风格。服装设计师在时装上也使用了波普艺术常用手段来表现，比如在服装的腰部印上足以乱真的皮带纹样，在门襟处印上一根逼真的拉链纹样。设计师们为追求生活的情趣，常使用色彩鲜艳、反光的塑料制品、涂层面料、人造皮革等（图1-22）。

图1-21　仿蛇皮印花图案短袖针织衫

图1-22　波普艺术风格数码印花长袖针织套装

5. 民族服装的启示

世界各国有不同的民族，我国就有56个民族。由于民族习惯、审美心理的差异，造就了不同的服饰文化。傣族婀娜的超短衫、筒裙，景颇族热情红火的花裙，印度鲜艳的纱丽等，都非常协调、优美，这些都为针织服装的设计提供了许多灵感。在当今的针织时装设计潮流中，中国、印度、日本等东方风格的服饰细节大行其道，披肩、流苏、立领、绣花的运用随处可见（图1-23）。

6. 环境的启示

人类与生俱来对新事物的孜孜以求是形成服装循环渐变的重要因素。因为在社会大文化背景下所产生的新事物往往能左右服装流行的风潮。例如，近年来回归大自然、崇尚复古的风潮，加之充满女性味的设计会重新抬头，时装又变得妩媚起来。

图1-23 民族风格图案针织连衣裙

7. 文化、科技的启示

服装流行的风潮受社会大文化背景左右，"生命在于运动"观念为大众接受，使运动服风行于世。在回归大自然、追求环保的主流风潮影响下，针织休闲服装成为服装界的新宠。

针织服装设计的构思方法很多，除上述类型外，传统艺术、民间艺术、现代工业的发展成果等都可为针织服装设计提供有益的启示。

（二）针织服装设计的表达形式

与其它类型的服装设计一样，针织服装的设计表达主要以平面和立体两种方式为主。

1. 用平面方式表达

平面方式表达设计意图可以分为设计稿和服装裁片两种。用设计稿表达设计意图是最普遍的表达方式，因其快速、经济、形象且绘制材料具有的多样性，使设计稿完全能正确表达设计师意图。近年来出现的服装 CAD 系统具有模拟三维图像的功能，设计稿的表达显得分外完善、直观。

用裁片表达设计意图是指直接在纸张或面料上画衣片，往往是设计者不会画画或对款式确实胸有成竹时才采用这种方法。因其错误率太高或代价较高而不常使用。

2. 用立体方式表达

有些复杂款式的设计，如环荡领、皱褶等无法用平面方法来表达时，就应该采用立体方式表达；有些设计意图虽然可采用平面形式表达，但为了更好地表现立体感或贴身感，也采用立体方式表达。立体的表达方式也就是立体裁剪,是用坯布直接在模特身上缠绕,具有直观、准确、生动的特点,普通款式用此方式表达则比较费力。

第四节 针织服装造型方法

针织服装由于材料结构组织的特殊性而区别于其他服装,它既具备有服装造型的一般共性,又由于其特殊性而表现出自身的造型规律。

一、针织服装造型特征

由于针织服装具有良好的弹性和不稳定的变形性,除了针织布做成的服装外,很多针织的服装几乎没有内部分割线,更没有省道,而且不经裁剪。针织面料使用的原料种类广泛、花型生动丰富、品种繁多,内在性能又极具特色。对针织服装轮廓造型、缝制修饰、装饰工艺等方面进行设计时,应充分体现材质的审美特性,获得较好的服用效果。所以针织服装在造型上不像梭织面料制作的服装那么多变,针织服装的轮廓造型大致分为3类:普通型、宽松型和紧身型。

(一)普通型

普通造型是介于紧身型和宽松型之间的服装造型,适宜于普通针织外衣和T恤。这类针织服装一般以直筒型和略收腰身的造型为主,常见的外轮廓有H、Y等廓型。面料多为质地较为紧密厚实的针织布,如纯棉布、涤纶双层弹力织物、棉腈拉绒织物等,适体性较好,而且活动自如。通常比较简洁、端庄大方的款式,一般借助服装的长短或局部线条的比例搭配来丰富造型,局部细节如肩线、门襟、领线等可根据需要灵活设计(图1-24)。

(二)宽松型

宽松的造型一般由简单的直线、弧线组合成外形线,配以较大的放松度,使人体三围趋于一致,形成宽松的式样,常见的外轮廓有A、O、T等廓型。这类造型能较好地体现针织面料柔软、悬垂的性能优势,造型刚健、豪放、洒脱、大方,针织时装多采用比较宽松的造型设计,尤其针织外套一般由简单的线组合而成,造型简洁大方,穿着随意休闲,表现出一种洒脱飘逸的悠闲情调(图1-25)。

(三)紧身型

紧身型利用弹性面料良好的伸缩性能特点制作适体性极强的服装造型,能够充分体现人体的曲线美,同时能够适应人体各种运动需求。常见的外轮廓廓型有X、S等廓型。典型的品类有针织内衣、紧身毛衫等(图1-26)。

图1-24 普通廓型针织外套

图 1-25　宽松廓型粗棒针针织外套

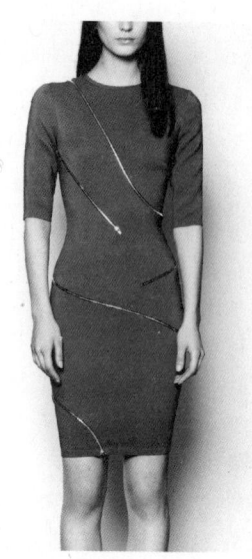

图 1-26　紧身廓型连衣裙充分利用针织面料弹性特征凸显女性纤细身材

二、针织服装造型要素

针织服装的造型设计遵循服装造型设计基本构成的四大要素：点、线、面、体，并运用形式美法则的分割、组合、排列等方法，将这些要素组合从而产生不同的服装造型。针织服装由于其织造工艺形成的脱散性、卷边性、变形性等因素使服装的整体造型表现出针织服装特有的效果。

（一）点的应用

针织服装设计中点的运用不可忽视，点在针织服装设计中是最小、最简洁的元素。例如点所表示的扣子和装饰点，点形图案的服装面料等。由于点的突出、醒目，有标明位置的作用，因此易于吸引人们的视线，在设计中恰如其分地运用点，能产生点睛之妙。

1. 辅料纽扣的点

针织服装设计中离不开各种纽扣的布局安排，纽扣即是服装上的点，它既有功用性又有装饰性，也有纯作装饰之用的。针织服装中的纽扣设计，如男式 T 恤上衣在领口装两粒纽扣，则可选择三到四粒精美的扣子，起到吸引、诱导视线的作用。一般的开衫，其门襟纽扣是按间距排列的，多选用简洁大方的小扣子，起到安定、平衡的作用（图 1-27）。

2. 饰品装饰的点

针织服装设计中常采用装饰点来强调衣着的重点部位，一般多在前胸、前胸袋、袋边、袖口边等作为装饰点加

图 1-27　纽扣点状装饰成为针织连衣裙的点睛之笔

以强调,使其成为服装的中心,达到炫示、美化、引人注目的效果。如要强调肩部造型,通过佩饰等作为装饰点设计在肩头;要强调纤细优美的腰部,可在腰间扎蝴蝶结、或扎精美的腰带扣等作为装饰点,以强调感观的吸引力。服装上装饰点运用得当,能使服装更具视觉魅力与个性风采。

3. 面料图案的点

点形图案一直是服装中的经典图案,用点形图案的面料设计服装可谓变化无穷。大型点有活泼、跳跃之感,小型点显得大方优雅,细小的而紧密排列的点能起到块面的作用,大小不同、色彩对比的点有不安定与刺激感官的效果。在针织服装设计中,点形图案常以印花或提花的形式表现。

4. 工艺形成的点

通过不同的编织工艺形成的点元素,如手工编织的毛衫可以通过特殊针法来形成镂空的点效果;通过编织、钩针工艺织造立体的点嵌入服装部件(图1-28)。

(二)线的运用

线不仅有长度,还可以有宽度、面积和厚度。当一个形态具有细长的视觉感觉时被视为线。线条的比例和均衡是服装设计师应具备的基本概念,服装线条包括服装的轮廓线、结构线、装饰线、褶裥线,以及服装各部件如领、袋、腰等的造型线。针织服装设计中的线还会有不同的形状、色彩和质感,特别是具有肌理感的立体线的运用。

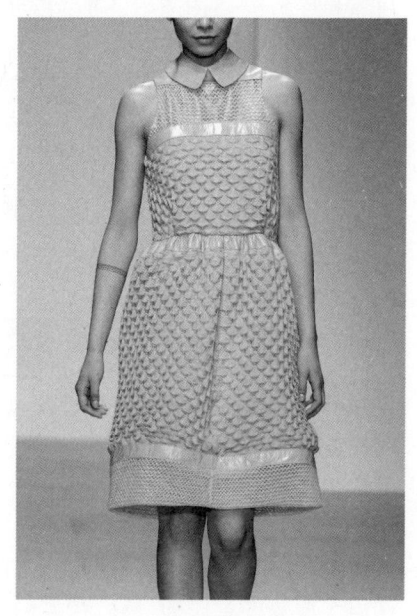

图1-28 特殊工艺打造圈状点纹肌理

1. 轮廓线

在针织时装设计中,成功地把握和运用好服装廓型中的各种线,能更完善地体现服装的设计风格。不同的服装廓型以不同的服装线条体现服装风格:X型线条的长裙凸显出女性体态,整体服装充满了成熟、优雅的意味;H廓型的服装则使模特儿呈现一派休闲、轻松的风貌。服装面料的线条是服装线型的一种,这些线条在动静、疏密变化中取得和谐统一。

2. 边沿线

服装是由外轮廓线、内结构线和各种的装饰线相结合组成的。这些线条在动静、疏密变化中取得和谐统一,组成服装优美的形态。另外服装静止时和运动时在空间上会展示不同的轮廓线。如大衣悬挂时在人形台上呈现静态的轮廓线,包括肩部线、袋形线、腰线、臀线、袖形线等,都显得较为平静整齐。在穿着状态时,人体的运动使衣摆的起伏形成了许多自由的波浪形。

3. 装饰线

服装的装饰线包括镶边线、嵌线、细褶线、明缉线、波浪线以及线条形态的装饰花边等,装饰线的运用得当,可使服装产生精致秀美的效果,同时有助于体现服装特有的情趣。在针织服装设计中,装饰线的运用通过腰带、肩袢、波浪、垂褶边来实现。

4. 图形线

线作为服饰中的图形运用是非常重要的,如著名的针织服装品牌米索尼(Missoni)就以富于变化的折线针织图形效果表现出丰富的、动感的色彩层次,工艺复杂程度高,效果独特,广受好评,成为针织品牌中的佼佼者。图形线在针织横机、圆机织造工艺中都较常见,如针织横机织造工艺中能通过间隔换线形成横向条纹,通过控制线的数量可以把控横条的宽度,如果再搭配上色彩的应用就可以形成更多不同的变化与很好的层次感(图1-29)。

5. 工艺线

针织服装上的立体线多为横机针织服装上的绞花组织,因为织造工艺的不断发展,通过绞花组织结构变化可以使服装表面形成丰富多变的立体线条效果,这种设计手法既可以表现外观简约的设计思想展现拙朴的成衣效果,也可以凸显繁复的肌理变化烘托个性的针织服装。

图1-29 横向线条织纹通过宽度变化形成丰富视觉效果

(三)面的运用

现代服装设计常将衣服各部件视为几个大的几何面,这些面按比例并有变化地组合起来,构成了服装的大轮廓,然后在大的轮廓里根据功能和装饰的需要,作小块面的分割,如育克、袖克夫、袋以及不同色彩的镶拼等。在针织服装中面的运用可以用形式美法则的重复、渐变、节奏等方法,使服装具有空间层次感、虚实对比感。

1. 方形

方形在男装设计中使用广泛,因其能给人平衡的力量之感,所以能较好体现男性气质。但在针织服装设计中,方形设计运用得较少,并且,近年来,男装设计也趋向于块面的圆润。

2. 圆形

圆形设计在女装中运用较多,如古典式泡泡裙、圆摆裙、吊钟形裙子等,局部造型如强调肩膀的插肩袖、浑圆丰满的大圆领、圆角的衣袋与下摆等。圆形较为柔和、娇美,所以适宜表现女性的气质。在针织服装设计中,圆形是运用得相当广泛的几何面。

3. 三角形

三角形设计常为现代服装设计所重视,这与前卫派设计师们将建筑上的构成主义运用于服装有关。他们将服装分割成若干形状的平面,如三角形、梯形、方形等,以不同的色彩予以区分,然后再行组合。针织服装设计中,通常将带有尖锐角的三角形和其它几何形作色块镶拼,或作为部件装饰,给人以强烈鲜明的感观印象(图1-30)。

(四)体的运用

体积感是服装结构款式进行立体造型的表现手法。体在针织服装上的表现形式除了宽松的廓型以外,加大的零部件、服装表面凹凸肌理感、单一元素的重复堆积效果都能够体现针织服装的体量。针织剪裁服装还可以通过工艺来实现体量效果,如卷边、叠加、缠绕等。针织成型服装可以通过用粗线编织或增加厚度的造型来增加体积感。

1. 宽松廓型

廓型中最能够体现体积感的是 O 型、A 型和 T 型廓型，其中 O 型和 A 型常应用于针织大衣款式，T 型可以在针织服装的肩部进行叠加、缠绕等方式强调肩部的体积感。由于针织面料的悬垂度好、材质柔软，想要从廓型上体现体量感，可以选用较粗的毛线材质，采用手工编结的方法形成体量效果。

2. 局部装饰

体在针织服装上的表现形式可以从凸出整体的较大零部件而实现体量效果，同时起到局部装饰的作用。如局部点缀大型蝴蝶结装饰，不但使得服装有了视觉中心，同时强调突出服装的女性化的风格（图 1-31）。

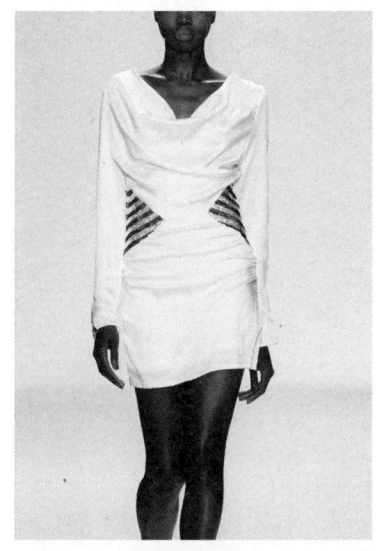

图 1-30　连衣裙腰部三角拼片美化腰部线条也成为视觉中心

图 1-31　肩部夸张线圈装饰打造皮草一般的装饰效果

3. 表面处理

在针织服装中表现表面肌理效果的工艺有很多，如缝扎、绞花、编结、贴花、褶裥等。既经典又时尚的绞花工艺在针织毛衣中经常应用，配合独特复杂的工艺，通过缠绕、凸起的绞花纹样展现针织服装特有的表面立体效果。

三、针织服装局部造型

针织服装的局部造型是指与主体服装相配置和相关联的组成部分，主要包括领子、袖子、门襟、口袋等。局部设计需要考虑与服装主体造型之间的关联，是一种主从关系，设计要恰当得体，符合服装的秩序性，同时兼顾功能性、装饰性。

（一）领子

针织服装领型可以分为两个大类：无领型和有领型。无领型经常出现在套头毛衣、马甲等款式中。无领型从工艺上可以分为折边领、滚边领、罗纹领、饰边领等，从服装结构上可以分为

V领、圆领、方领等。有领型从服装结构上可以分为立领、翻领、坦领和连帽领等。领型设计需要充分考虑针织面料拉伸、脱散、卷边的特性,考虑针织工艺的可实现性。

(二) 袖子

针织服装的袖子从结构上包括四种类型:连身袖、平装袖、插肩袖和无袖。与梭织服装的袖型区别在于合体袖的结构处理运用了面料的弹性特征;圆装袖不存在两片袖的结构,更多强调舒适、随意流畅的特征。袖子作为服装主体结构之一,袖型的选择、袖子长短、松紧都以主体结构造型为基础,形成合理的比例关系。针织服装中对于袖子的处理除了造型形式上的设计以外,可以考虑异质面料的搭配来求得变化。如大身选用梭织面料,袖子采用针织面料。

(三) 口袋

针织服装的口袋从构成形式上可以分为两种类型:贴袋和插袋。由于针织面料易变型的特征,口袋的装饰作用大于功能性,一般在外套产品中应用。

(四) 门襟

门襟是外衣构成的符号,常用于外衣品类中。在针织服装中,门襟从结构上分为三种形式:半开襟、全开襟和不开襟。其中,半开襟和全开襟的闭合主要有拉链闭合和纽扣闭合两种形式。在针织外衣中,开襟形式的选择更多考虑外衣品类、风格、功能和装饰需求。与梭织服装不同,针织服装面料弹性好,服装的穿脱功能不是主要问题。为了强调其装饰性作用,一般与领子的设计结合考虑。

第五节 针织服装色彩搭配

色彩是针织服装中最基本也是最重要的视觉因素,针织面料的色彩与织物的纱线、组织结构、花型图案都有着必要的关联。运用高明度色彩可使服装显得活泼、明快;选取低明度色彩,可显得沉静、个性。在了解针织面料性能特征的基础上,将色彩的装饰性功能发挥到极致,使得针织服装风格更多样化。

一、针织服装色彩搭配原则

服装的色彩搭配即服装的色彩分配,指色彩在一件或一套服装中的布局和构成,它亦需要遵循形式美原则,搭配出统一、和谐、美的色彩整体效果。

(一) 节奏配色原则

节奏本来是音乐舞蹈中的术语,被借用到服装造型艺术中,指一套或者一件服装上某个颜色有规律的排列组合,通过视觉上重复出现的强弱现象。针织服装配色中的节奏感主要由色彩的位置、面积、形式等决定,一般有以下几种节奏。

1. 装饰色的节奏

以色彩的重复点缀来加强视觉印象。如条纹、二方连续、四方连续纹样上也可看到色彩的反复排列形成一定的规律,配合纹样的面积、宽窄、位置来强调这种节奏。又如在服装前襟、下摆、袖口等处饰以同色的装饰配料,用色彩统一同时形成节奏感又能够起到装饰作用(图1-32)。

2. 层次的节奏

这是指光谱把色相顺次排列,或同一色相以不同明度或彩度阶梯螺旋状地连续起来时所产生的节奏。

3. 色彩呼应的节奏

配色之间互相呼应,你中有我,我中有你。如取裙子上的一个色作为上衣的颜色,里料和面料的色相呼应,选取衣服上某个色作为服饰配件(头巾、围巾、手包、项链等)的颜色。这样的色彩搭配方法是色彩之间取得调和的重要手段之一,使服装显得完整的同时也能产生节奏感。

(二)平衡配色原则

平衡在服装配色原理中,指色彩在人们视觉心理上产生的安定性。在视觉上除了色相、明度、纯度外,还有冷暖、前后和轻重的感觉。如明度高的色系感觉为轻,明度低的色系感觉为重;红黄色系为暖色,青紫色系为冷色;纯度高、明度高的色有前进感,纯度低、明度低的色有后退感等。因此,在配色时就出现了平衡或不平衡的感觉。作为设计者,在配色时需注意各个色彩之间的微妙关系,避免出现头重脚轻等色彩不平衡的问题。

(三)强调配色原则

着装配色时,为突出服装的视觉冲击效果,弥补整体着装的单调、乏味,在服装的某一细节部位选用特别的色彩,这种配色技巧称为强调配色。

常见的强调形式如:运用在单色着装上的胸针、腰带扣,服装局部的配色如领子、袖子、口袋、下摆等。运用强调配色时,要注意下列原则:首先强调色必须比衣服上的各种色彩更鲜艳,其次强调色的面积不宜太大,以免喧宾夺主,再者强调色可选用对比色彩(图1-33)。

二、针织服装色彩搭配技巧

在形式美原则的指导下,不同属性的色彩搭配之间也需要掌握一定的技巧,以获得视觉上

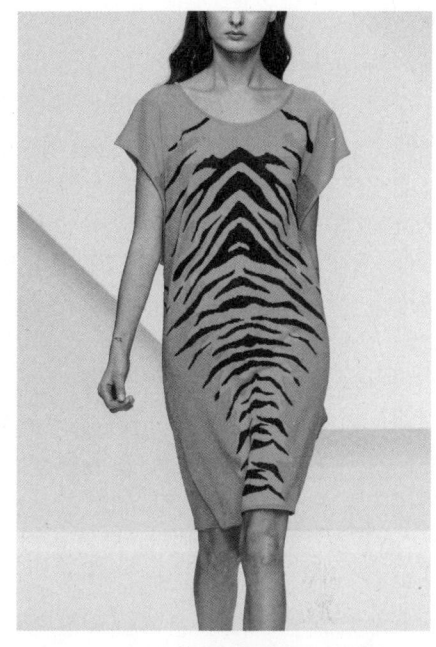

图1-32 图案中的蓝色与服装色彩协调同时加强视觉印象

图1-33 无规则亮色宽线条成为黑色连衣裙的点睛之笔

的愉悦体验（图1-34）。

（一）同一色配色技巧

在同一色相中，把颜色本身以明暗、深浅所产生的新色彩，归属同一色系。例如：蓝色系中，由暗蓝—深蓝—鲜蓝—浅蓝—淡蓝，同一色配色给人以沉稳、安宁、秩序感，可以降低着装配色的失败率。但同时注意过于调和，可能会使人感觉单调、乏味、缺乏生气，这时可以选择明度差别较大的色彩，增强色彩之间的对比度，如蓝色系中，选取暗蓝搭配淡蓝。

（二）类似色配色技巧

在色相环中，相临近的色都是彼此的类似色，彼此间都拥有一部分相同的色素，类似色配色主要是凭借共有的色素来产生调和的作用，如红色与桔红的共用色素是红，而蓝绿、蓝、蓝紫的共同色素是蓝，属于较容易搭配的色彩。

图1-34　袖子和下摆的黑色起到了调和整件服装鲜艳亮橙色的作用

通常类似色的搭配，色彩饱和度高，色阶明快，因此着装配色效果较为生动。但是如果相隔较远的类似色由于共同色素减少，会产生排斥感，这时可以主色与副色来区分，造成两色之间的对比，也会产生较好的配色效果，如服装主体为大面积主色，而领子、口袋、袖口、滚边等服装局部为小面积的副色。

（三）对比色配色技巧

色相环中，凡是指定的任何一个颜色直径上的对立色彩，以及这个对立色彩左右两旁的邻近色，都称为这个指定色的对比色。如红蓝对比、黄紫对比、橙与绿对比。对比色着装配色具有很高的美感度，其色调上变化多端，有明朗、活跃的感觉。但对比色个性特征明显，搭配时不调和，彼此排斥，会产生格格不入的感觉。若要达到较好的着装配色效果，可以采用以下配色技巧：改用偏左或偏右的色彩搭配，可缓和对比情形，避免补色的直接冲突。两色避免同样强度、同样面积搭配，如明度采用一高一低方式，彩度运用一强一弱或在面积上使用一大一小的搭配，也就是让它们主次分明。

（四）统调色配色技巧

着装配色时经常遇到这样一种情况：如多色搭配时，许多颜色杂陈在一起，缺乏秩序感、统一感，如何使着装色彩产生新的感觉，选择统调配色是最安全的配色，它会解决此类配色问题。我们可以提炼出复杂色彩中的共有色素，强化其色彩共性，从而产生一体的感觉，这种着装配色，整体上看来，色彩共性像一种气氛笼罩在服装造型上，具有整体统一感，如花型复杂的印花布中，可选花型中的某一颜色做领子、滚边、或腰带、饰品、鞋子、围巾、手提包等配件的用色，统调的效果比较好。

（五）分离配色技巧

着装色彩出现不调和形态或色彩之间关系暧昧，这时如何解决配色的问题，就需要用分离式的色彩来弥补配色的缺陷。分离色彩大部分是特殊色彩、无彩色，如金、银、黑、白、灰。分色彩以线的形式,直线或曲线、粗线或窄线来分离对立或暧昧的色彩,分离后色彩会产生不同的视觉效果。例如日常衣着可选择腰带、皮带、围巾、领带等饰品,以及服装的花边、滚边作为分离的形式,缓冲着装配色。

(六)流行色配色技巧

流行色可以参照不同国家、地区的流行色协会或机构对流行色趋势的预测与研究,从而制定色彩流行趋势方案。流行色并非是一种色彩,而是在某个时期具有某一倾向的系列色彩,并代表某段时期的时尚形象。在利用流行进行配色时,注意巧妙运用流行色彩。通常情况下流行色配色方法有:主体服装选择正在流行或即将流行的时髦色彩;主体服装选用流行色彩,点缀色采用常用色彩;主体服装采用常用色彩,点缀色采用流行色彩。

第六节 针织服装面料选择

针织服装面料具有梭织服装面料无可比拟的服用特性,如质地柔软亲肤,吸湿透气,且具有良好弹性和延展性。近几年来针织布料的使用因其独特织物风格,被广泛运用于流行服饰中,针织服装也在时尚舞台上扮演了越来越重要的角色。针织服装的发展除了要不断提高设计水平,还要求对针织面料进行不断地开发与创新,来满足现代消费者由于着装观念的变化而不断对服装审美品质和舒适性能等方面的追求。

一、针织服装面料与梭织面料的对比

针织面料是服装材料中极具特色的类别,它在结构、性能、外观及生产方式等方面,与梭织面料相比具有很多不同点。

(一)面料结构

1. 针织面料

针织面料是纱线单独地构成线圈,再经串套连结而成,它的结构单元是线圈,线圈套有正反面之别。

2. 梭织面料

梭织面料是由经向与纬向相互垂直的两个系统的纱线交织成型。其组织一般有平纹、斜纹和缎纹三大类以及它们的变化组织。

(二)面料外观

1. 针织面料

凡正面线圈与反面线圈分属织物两面的是单面针织物,混合出现在同一面的则为双面针织物。根据线圈结构与相互排列顺序的不同,针织面料可分为基本组织、变化组织和花色组织三大类别。根据线圈构成与串套的不同,又可分为纬编织物与经编织物两种。在纬编织物中,一根纱线就能形成一个线圈横列;在经编织物中,要由许多纱线才能形成一个线圈的横列。

2. 梭织面料

梭织面料是将纱线通过经、纬向交错制造而成的一种面料,面料组织包括平纹,斜纹和缎纹三大类别。

(三)面料性能

1. 针织面料

主要优点是面料手感柔软,富有弹性,穿着适体,透气性强,其中的化纤针织面料还具有尺寸稳定、易洗快干和免烫等优点。

2. 梭织面料

主要优点是结构稳定,布面平整,悬垂时一般不出现悬垂现象,适合各种剪裁方法。耐洗涤性好,可进行翻新、干洗及各种整理。

(四)面料生产

1. 针织面料

生产效率高,工艺流程短,适应性强,原料种类与花色品种繁多,针织面料能满足不同服装的用途需要。

2. 梭织面料

梭织面料是织机以投梭的形式,将纱线通过经、纬向的交错而组成。梭织面料生产工序较多,需要经过整经、浆纱、穿综、织造等工序。

二、针织服装面料的开发创新

随着人们对针织服装进一步的了解以及穿着的多样化,对针织服装提出了更高的要求,不仅要求针织服装舒适随意、柔软合体、耐穿耐用,而且要求新奇、美观、上档次,因此对针织面料的品种开发就成了企业和消费者共同追求的目标。由于针织面料的质地、肌理、性能及形成服装的外观风格等,主要受纤维性能、纱线的结构和性能、织物结构、花色以及后整理等方面的影响,所以针织面料的品种开发涉及以下几个方面的内容。

(一)纤维原料与品种开发

新一代绿色环保型纤维、新型天然纤维、差别化和功能化的新型化学纤维的开发和应用,为服用类纺织产品提供了丰富的原料。21世纪是环保的世纪,重视绿色生态纺织新原料的应用已提到议事日程。因此,应用天然彩色纤维作为开发新型纺织制品的后备材料将为我国纺织工业的发展带来新的生机。比如彩色棉纤维的应用可减少染色带来对环境的污染,避免纺织品出口所遇到来自西方的绿色壁垒的阻挡。除此之外,绿色纤维还有大豆蛋白质纤维、壳聚糖纤维、玉米纤维等新型纤维。科技的发展,使得化学纤维已经成为纺织服装用的主要纤维,品种数以千计,如英国Courtaulds公司研发的天丝(Tencel)纤维,美国杜邦公司研发的特达(Tactel)纤维等(图1-35)。因此对纤维资源的开发和应用,已成为针织面料花色品种竞争的重要手段之一。更多的新型纤维请见小资料2中的表1-1。

(二)针织服装纱线品种开发

不同种类的针织纱线会使服装具有截然不同的外观效果和服用性能,同时也会有不同的设计要求。纱线形态上的种类、特点会直接影响到针织服装的整体风格、款式特征以及服用性能。从形态上看,纱线主要包括普通纱线、花式纱线和变形纱线三大类。

图 1-35　天丝(Tencel)纤维被广泛用于家纺和服装产品中

1. 针织服装纱线品种

普通纱线

普通纱线是指外观结构普通的纱线,这类纱线截面分布规则,近似圆形。如单纱、股纱、复丝、捻丝等。使用普通纱线制作的针织服装的外观通常比较平整,风格细腻。特别适合制作内衣、婴幼儿装以及比较优雅的针织时装面料。

花式纱线

花式纱线是指具有特殊外观结构的纱线,具体分为两种:花式纱、花色纱。

花式纱的结构形态沿长度方向发生变化,外观形态结构每隔一段有不同的表现或者每一段都有不同的表现。如节子纱、疙瘩纱、螺旋纱、毛圈线等。花式纱制作的花式服装外观变换丰富、富有层次,有一定的肌理效果,造型风格粗犷大气,具有艺术韵味。适宜制作针织时装、针织毛衣、针织配件以及大儿童的针织服装用料,但不适宜用于针织内衣和婴儿装。

花色纱是指色彩或色泽上沿长度方向发生变化的纱线。花色纱的色彩不是单色,而是一根纱线上呈现两种或两种以上的色彩。这种色彩分布也可以是规则的,如色彩等级渐变、等级重复变化等;也可以是无规则的,呈现色彩变化的随意性,如多色混色纱、分段呈现不同的色彩的段染纱、双色纱或多色螺旋线等。花色纱可以使服装表现出或活泼、或休闲、或粗犷的风格倾向。

变形纱线

变形纱线是指利用合成纤维受热塑化变形的特点,经机械的和热的变形加工,使纱线形成卷曲、螺旋、环圈等外观特征。如膨体纱,纱线蓬松而松软,有一定的体积感,手感丰满有弹性,可用于多种针织服装,如针织内衣、针织围巾、针织帽等。

2. 针织服装纱线品种开发

从纤维到织物一般需要形成纱线,纱线是一种半制品。纱支可以影响面料的质感、风格,细柔风格的面料要选用高支精梳纱,"透"风格的面料要选择细旦真丝、人造丝或合纤等,粗犷厚重风格的面料多选用粗支纱、高旦加工丝。为了开发更多的花色品种,可以通过改变纱线的结构、性能、花色,也可以通过混合、复合以及各种不同的加工方法生产出变形纱和花式线改变织物的性能、质量和风格。如日本东洋公司一种涤棉三层复合纱,以极细的聚酯纤维为纱芯,以涤/棉混纺纱为中间层,纯棉纱为外包纱,形成三层结构,这种纱具有优越的排汗作用,而且轻薄、舒适,是极好的休闲装和针织运动装面料。特别是应用各种花式纱线编织的针织服装更是五彩缤纷,可见从纱线着手在艺术创作的基础上融入科技意识,将形象思维与逻辑思维结合,将艺术与科技结合,对针织面料进行设计开发也是一条十分重要的途径。

(三)针织服装织物品种开发

针织物是由纱线直接串套连结而成,针织服装单一织物结构有纬平针组织、罗纹组织、移圈组织、波纹组织、提花组织和集圈组织。

1. 针织服装织物品种

纬平针组织

纬平针组织是针织服装产品中最简单且常用的组织结构,又称平针组织,有单层、双层、变化纬平针之分。由单元线圈向一个方向串套而成,纬平针织物边缘具有显著的卷边现象。利用纬平针组织进行设计比较单一,为弥补设计的单一性,通过纱线、色彩、图案的变化可获得丰富的视觉效果。

罗纹组织

罗纹组织是针织服装产品中常用的组织结构,是双面纬编织物的基本组织,根据罗纹组织的线圈配置,有 1×1、2×2、3×3、3×5 罗纹等,具有不同的外观效果。罗纹组织结构的设计应用可以通过宽窄变化、罗纹方向的变化使面料产生丰富的表面肌理效果。

移圈组织

移圈组织是按照花纹要求,将某些针上的线圈移动到与其相邻的针上,从而形成相应的花式效应,是横机编织中较有特色的组织结构,有挑花组织、绞花组织等。挑花移圈组织具有空透轻薄特点,可以应用于夏季针织服装设计中。绞花移圈组织可以编织出 2×2、3×3 等绞花效果,可在织物表面形成显著的肌理效果。

波纹组织

波纹组织又称扳花组织,也是横机上所编织的一种典型的组织结构。

提花组织

提花组织是将不同颜色的纱线垫放在按花纹要求所选择的针上进行编织成圈而形成的一种组织。可以分为单面提花组织和双面提花组织两类;按纱线的颜色数可分为双色提花、三色提花、四色提花等。

集圈组织

集圈组织是在某些线圈上除套有一个封闭的旧线圈外,还有一个或几个未封闭的悬弧。设计中应用集圈组织可以通过不同排列、不同色彩的毛纱,可使织物表面具有图案、凹凸、孔眼、闪色等花色效果。

复合组织

针织服装复合织物是在单一织物结构基础上,采用复合组织编织而成,形成更丰富多变的织物结构,有纬平反针组合、绞花与纬平针和罗纹的组合、提花与罗纹和平纹组合、波纹与罗纹和纬平组合、罗纹与纬平组合等。采用空气层组织的织物较厚实,有罗纹半空气层织物、罗纹空气层织物、全畦编空气层织物等。

2. 针织服装织物品种开发

组织结构的变化能影响织物性能的变化,同时直接影响服装面料的肌理,开发新产品时,可以充分利用织物的组织结构,采取特殊的手法,打破常规,运用织物组织中的单一组织、复合组织使织物结构变化无穷。

第七节　针织服装产品设计

随着针织服装以它独特的织物风格特性在流行服饰中的比例不断上升且受到人们的喜爱,越来越多的服装品牌在产品设计中加入针织服装产品类别,国内外服装市场上也有众多以针织服装作为主要产品品类的服装品牌。国外知名品牌如意大利的米索尼(Missoni)、法国的索尼娅·瑞吉尔(Sonia Rykiel)、美国的贝纳通(Benetton)等。国内知名品牌如鄂尔多斯、恒源祥等。针织服装变得越来越有设计感和时代感。

一、针织服装产品设计环节

服装企业中负责产品设计可以由经理部、企划部、销售部、设计部、生产部共同参与完成。在产品规划时需要遵守一定的流程,对自己分析研究、目标竞争企业的调研、服装市场研究所得到的信息都将为下一季产品设计提供有效的依据。在产品设计方面针织服装和梭织服装的设计环节大致相同。

(一)收集信息

此环节的主要工作内容是收集各种对针织产品设计必需和有利的外界信息,目的是为产品企划提供依据。市场信息是现代商业取胜的情报,包括流行资讯、市场信息、行业动态等。收集的信息应该细化,如市场信息包括竞争对手的信息、目标品牌的信息、参照品牌的信息等。

(二)产品企划

此环节的主要工作内容是用文字、图表和数据的形式表达下一流行季节的产品概貌,明确针织或梭织产品系列的定位和主题、款式的设计要求和数量、生产数量和配比、销售目标、完成日期等等,目的是为设计方案的制定提出参照要求和目标。

(三)设计方案

此环节的主要工作内容是指根据产品企划,细化下一销售季节产品设计的详细情况,包括产品的框架、设计主题、系列划分、色彩感觉、造型类别、面料种类、纱线品种、图案类型等设计元素的集合情况,制定设计规则,是产品企划转为设计画稿的"翻译"环节,目的是为设计具体的款式提供更为明确的方向。

（四）设计画稿

此环节的主要工作内容是按照设计方案的要求确定具体的服装样式，并用图形的方式准确地表现出来，设计画稿包括款式、面料、色彩、图案、装饰、细节等，要求做到样板环节能够清晰地了解其设计意图。

设计画稿应该是设计方案的一部分，由于图形化过程的工作量很大，特别是目前普遍采用电脑化设计，使用软件绘制设计画稿的工作量比徒手绘制大出许多，程序也更复杂。另外，设计方案环节可以有企划部门的参与，而设计画稿环节则全部在设计部门完成。因此，这里把它从设计方案中独立出来。

（五）样板制作

此环节的主要工作内容是指根据设计画稿，以平面或立体的方式表现针织服装结构，是将纸面设计实物化的关键环节。包括结构图（也叫裁剪图）、立裁坯样、产品规格、工艺说明等，要求做到样衣环节能够按图索骥地完成样衣制作。其中，平面的方式即为纸样，立体的方式即为立体裁剪。

针织剪裁服装的样板要注意针织面料和梭织面料不同，需要考虑不同针织面料伸缩性不同，考虑放松量的差别以及收省、褶裥等手段的运用与设计预想的造型效果。款式比较简单的针织内衣、运动衣都没有收省和更多的拼接，这类的纸样，可以直接通过规格演算构成法制作。针织成型服装的生产工艺要根据使用原料种类、确定的织物组织，选择编织机械等进行生产工艺计算，制定编织操作工艺单，计算原料用量等，然后再上机织造。

（六）样衣制作

此环节的主要工作内容是按照样板的要求制作实物样品，针织成型服装根据生产工艺单织造实物样品。样衣是对设计结果最直观的检验，要求做到很好地达到尺寸规格和质量标准。由于样衣往往是由样衣工一个人完成的单件制作，产品是由车衣工、整烫工等多工种在生产流水线上合作完成的，因此，样衣和成品存在一定的差距。

样衣工的技术水平普遍高于车衣工，样衣设备与批量生产设备也有所不同，因此，在样衣制作中采用的工艺必须考虑到能够在生产流水线的批量生产中实现。

（七）沟通确认

此环节的主要工作内容是会同有关部门负责产品开发的主要人员就产品开发过程中可能或已经出现的问题协调解决，每一个环节在进入下一个环节之前必须先行确认。经确认通过的环节可以进入下一个环节，未经通过的必须返回原环节，经过改进并再次确认，在通过以后，方可进入下一个环节。其中样衣的确认会有反复，样衣往往无法一蹴而就，需要2~3次推敲、修改、完善才能最终定样进入到下一个环节中。

产品定样以后即可参加订货会、下单生产、产品上市、销售统计总结等，完成整个服装周期流程。

二、针织服装产品系列设计

系列是产品开发的线索，在品牌服装设计中往往是以系列开发的形式进行的。系列设计的重要特征是整体性、条理性、搭配性和计划性。整体性表现在产品形象的完整度，条理性在于产品推出的有序感,搭配性体现在系列内外产品的互换关系,计划性考虑到系列在年度上的延续。

(一) 针织服装产品系列设计的意义

把相关的设计元素在一个主题的支配下加以重新组合的方法,形成服装系列可以提升产品给予消费者的第一印象,具有较强的视觉冲击力,同时便于与其他品牌相区别。这些设计元素包括:颜色、款式、图案、细节、面料肌理、搭配方法等。

成衣的系列设计又为生产加工提供了明显的优势,针织服装系列设计的优势可以在加工的过程中,合并一些相同的织造工序,节省一定的人力物力成本。同时系列设计中的面料纱线的选择可以一致,比如2~3种纱线可以开发多款系列服装。在整体效果上,既统一又各具特色,相同工艺手法及材料的合理利用可以降低成本、提高效率。

(二) 针织服装产品系列设计的体现

针织服装产品要做到系列化,可以从色彩的系列化、款式的系列化来着手。

以色彩系列来表达针织服装系列设计是最常见的形式。很多服装品牌采取了以色彩作为系列与系列之间区分的标准。色彩、款式、面料是服装最基本的三大要素,其中色彩是给予人第一印象的直观要素。在服装陈列中,按照色彩来进行陈列也是常用手段之一。色彩组成的系列也比较便于消费者进行挑选,起到一定的导向作用。

以款式为系列也是常见的服装系列设计手法之一,以某一个特定的款式作为系列划分的原则,整个系列的服装以面料、色彩、细节设计作为突破点,各有不同。

(三) 针织服装产品系列设计的原则

针织服装的系列化设计与其他品类服装一样都要遵循一定的设计原则,主要是:统一变化、主题突出、层次分明。

1. 统一变化

产品系列设计要统一变化。产品系列化必须统一某些设计元素,避免设计语言、设计手法的混乱,需要注意强调产品之间的联系性。"统一"可以在系列产品中有一种或几种必要设计元素,将这个系列串联起来。"变化"在统一的前提下,在细节上进行差异化构思,延伸在不同的产品中,形成丰富而均衡的视觉效果。要做到既统一又有变化,就是要把产品的某一个特征以不同的方式反复强调。

2. 主题突出

产品系列设计要主题突出。围绕主题,在产品的设计方案环节制定一季产品的主题构思和框架,然后进行变化。主题在设计方案中是以启发性的文字或灵感图片进行表达,而产品则将文字的概念具体化。有些产品虽然也具有系列感,但是如果它偏离主题或者设计表达力度不够,也不能达到预期的设计目标和效果。

3. 层次分明

产品系列设计要层次分明。要求在系列产品中有主打的形象产品、常规产品、延伸产品和尝试产品。每个类型的产品在款式、数量、陈列、色彩都要有强弱变化才能体现出层次感。其中形象产品是系列设计中最能体现流行趋势热点,最契合主题的产品,它使设计点完美地展现出来;常规产品是一年四季都可以销售的,或者品牌销售最好的、接受度最高的产品,一般以基本款式为主,无论是视觉效果还是设计手法都相对平淡一些,作用就是衬托形象产品,同时保证销售量;延伸产品是把形象产品的精彩之处进行延伸变化,设计手法稍有收敛;尝试产品可以是更大胆的设计,对一些非常规的设计手法进行尝试,以增添系列产品的视觉效果,吸引目标消费者中较前卫的个体。

■ 小资料

米索尼(MISSONI)

一、品牌简介

以针织著称的米索尼(Missoni)品牌有着典型的意大利风格,针织品的典范。极富艺术感染力的色彩、良好的针织工艺、几何抽象图案、流动效果的条纹组成了 Missoni 经典的风格,有着强烈艺术感染力的设计、鲜亮的充满想象的色彩搭配,使米索尼(Missoni)时装不只是一件时装,更像一件艺术品,因而受到全球时装界的广泛关注。杰出的创造性使 Missoni 不仅在商业中获得巨大成功,在艺术上也备受瞩目。有米索尼(Missoni),米索尼·尤莫(Missoni Uomo),米索尼·运动装(Missoni Sports)三个品牌线(图 1-36~图 1-38)。

图 1-36　Missoni 的品牌标识

图 1-37　Missoni 2015 早春产品 01

图 1-38　Missoni 2015 早春产品 02

二、品牌创始人

创始人奥塔维奥·米索尼(Ottavio Missoni)。奥塔维奥开始职业生涯是作为国际级运动员,但在二战期间成了战俘。1953 年创始人奥塔维奥·米索尼(Ottavio Missoni)与罗莎塔·米索尼(Rosita Missoni)结为夫妇,同年在意大利瓦雷泽创立米索尼(Missoni),并由他们俩任设计师。

三、品牌事件

[1953年] Missoni品牌1953年创立于意大利瓦雷泽。

[1967年] Missoni在米兰举办发布会,因为考虑文胸的钢圈会影响针织柔顺流畅的表现,设计师要求模特脱下文胸演绎服装。

[1969年] 《美国时尚》杂志主编戴安娜·维兰德(Diana Vreeland)第一次拜访米索尼夫妇。"谁说米索尼只有颜色,它还有色彩的深浅变化!"

[1970年] 在服装领域大获全胜后,Missoni逐步向香水、配件、家居领域扩张。

[1998年] 推出的年轻副线M Missoni。

[2006年] Missoni于2006年5月24日在北京东方新天地举行别致的服装发布会。

[2010年] Missoni与匡威合作推出男鞋,带有Missoni的明显图案。

[2012年] M Missoni 2012春夏系列女装推出后便在著名购物网站net-a-porter在线发售。

■ 小资料

表1-1 新一代纤维产品

名 称	研发公司	种类	成分	特 征	主要用途
天然彩色棉（Naturally Colored Cotton Fiber）	中国农科院棉花研究所、新疆中国彩棉（集团）股份有限公司等	天然纤维	木脂素为主的蜡质脂肪	舒适,亲和皮肤,天然色彩无需印染	婴幼儿服装、童装、孕妇服、针织内衣、家居服、T恤等
大豆蛋白质纤维（Soybean Protein Fiber）	华康集团	再生植物蛋白质纤维	蛋白质	柔软手感,柔和光泽,亲肤性好,含有多种人体所须氨基酸,具有良好的保健作用、抑菌功能,被誉为"新世纪的健康舒适纤维"	羊毛衫、T恤、内衣、休闲服、运动服等
竹纤维（Bamboo Fiber）	豪盛集团、北京梦狐服饰科技开发有限责任公司等	纤维素纤维	纤维素、半纤维素和木质素	良好透气性、瞬间吸水性,较强耐磨性和良好染色性等特性,具有天然抗菌、抑菌、除螨、防臭和抗紫外线功能	针织内衣裤、背心、T恤衫、袜子等
汉麻纤维（China-hemp Fibre）	总后军需装备研究所军用汉麻材料研究中心、汉麻产业投资控股有限公司等	纤维素纤维	纤维素和部分非纤维素物质	具有吸湿、透气、舒爽、散热、防霉、抑菌、抗辐射、防紫外线等多种功能,被誉为"天然纤维之王"	针织内衣裤、针织休闲服装、袜子等
甲壳素纤维（Chitin Fiber）	日本富士纺织株式会社	壳聚糖纤维	壳聚糖	手感柔软,无刺激,高保湿、保温、抑菌除臭功能,对皮肤有很好的养护作用,是21世纪新一代的保健材料	婴幼儿服装、童装系列产品、针织内衣、孕妇服等、抗菌休闲服、抗菌裤袜等

(续表)

名　　称	研发公司	种类	成分	特　征	主要用途
玉米纤维 （Corn Fiber）	美国 DuPont 公司、日本可乐丽公司、日本爱知县一宫市研究所等	再生植物蛋白质纤维	乳酸聚合物	轻柔滑顺，强度大，吸湿透气，悬垂性佳，良好的耐热性及抗紫外线功能，服用性能好	针织内衣、运动服等
牛奶纤维 （Milk Fiber）	意大利 SNIA 公司、英国 Coutaulds 公司、日本东洋纺株式会社等	动物蛋白纤维	乳酪蛋白	防霉防蛀，强度高，耐穿耐洗，易干，易贮藏，天然抑菌，洗涤后仍可保持产品永久性能等	高档内衣、家居服、T恤、休闲装等
珍珠纤维 （Pearl Fiber）	东华大学、浙江中欣纺织科技有限公司、上海新型纺纱中心、郑州四棉有限公司等	再生纤维素纤维	珍珠蛋白功能母粒和纤维级树脂切片	有养颜护肤功效，吸湿透气、穿着舒适的特性。纤维表面光滑凉爽，有珍珠般光泽	针织内衣
天丝纤维 （Tencel）	英国 Courtaulds 公司	化学纤维	木浆	柔软、舒适，独有悬垂性、吸湿性和较好的染色性及光泽	针织内衣、针织家居服、休闲针织服装等
特达纤维 （Tactel）	美国杜邦公司	化学纤维	锦纶	柔软光滑，悬垂性、覆盖性、染色性好，易洗免烫	运动针织服装

本章小结

　　本章节在简述针织服装分类和特征的基础上，结合多种针织服装设计手法，分别就针织服装造型方法、色彩搭配原则、面料选择、掌握针织服装产品设计要点几个方面展开阐述。针织工艺设备和染整后处理技术的不断进步，原料应用的多样化，流行趋势和市场对新款式的需求的变化，使现代针织服装已经步入多功能及高档化的发展阶段。

思考与练习

1. 拟定主题设计一系列针织服装，并需要符合下一季流行趋势热点。
2. 试着采用不同面料组合，设计一组5件针织面料为主的服装。

第二章 毛皮服装设计

  人们对毛皮服装产业的了解集中于毛皮服装的流行款式,对毛皮行业、毛皮加工工艺、毛皮设计方法等专业信息知之甚少。随着我国毛皮行业的迅速发展,从业的专业人才缺乏,不能适应行业的发展速度,本书将毛皮专项设计专题内容进行了详述,希望能够得到更多专业人士、在读学生对毛皮服装设计的关注。

第一节　概　　述

近年来,世界各服装品牌都纷纷开始将毛皮运用到服装设计中去。毛皮服装热潮澎湃,各类全毛皮服装、毛皮饰边服装、毛皮服饰品、家居用品等使毛皮设计出现多样性。

一、毛皮服装的定义

毛皮,英文为 fur,在《世界服饰词典》里的释义为哺乳类动物毛皮经过鞣制加工后的成品。毛皮服装也就是指用哺乳类动物毛皮经过鞣制加工后的成品裁制的服装。毛皮服装设计师以毛皮材料为主要研究对象,毛皮类材料较为昂贵,因此设计时应该根据不同的毛类特点和设计要求来匹配材料,必要时得做不同程度的毛前处理,以达到最佳的设计效果。动物的毛皮经过加工处理,可以制得毛皮与革皮(又称皮革),均是十分珍贵和高档的天然服装面料。为了问题讨论的单纯化,本章着重讨论毛皮服装。

现今社会上对毛皮的称呼各不相同,归结起来主要有以下三种。

(一)最传统的称呼——裘皮

裘皮这种称呼是最早、最传统、最正规,也是最准确的一种称呼。据《世界服饰词典》解释记载:早在三千多年前的殷商时期,甲骨文中就出现了"裘"字的象形字;战国时期《慎子·告知》中有"粹白之裘盖非一狐之皮"的说法,后来演变为"集腋成裘"这一成语,反映了当时人们对拼缝兽皮成裘的认识和熟悉程度;《说文解字》中有"裘之制,毛在外,故像毛"的解说,毛在外也是当今大多数人认可的裘皮服装的基本特点之一;唐代诗人李白名篇《将进酒》中的"五花马,千金裘,呼儿将出换美酒"的词句脍炙人口,尽显豪放,也从一个侧面反映了裘皮的弥足珍贵,关键时候还具有一般等价物的功能;明代宋应星的《天工开物》中有"凡取兽皮制服,统各曰裘"的词句。

同时,裘皮服饰曾是中国最重要的服饰类别之一,先秦文献中有关冠服制度的记载中有不少是关于裘皮服饰的。在棉花尚未成为中国大众纺织原料的宋元朝代之前,人们御寒温体主要靠裘皮、毛和丝絮,但由于蚕丝产量中用作丝絮的比例较小,所以裘毛并称,成为冬季服装的代名词。裘皮服饰虽然被列于历代礼仪服饰之中,但由于北方少数民族更多的是用它来从事游牧骑猎活动,所以裘皮服饰往往就会带有更为浓厚的少数民族文化色彩。

(二)最口语化的称呼——毛皮

毛皮这种称呼是相对于革皮而言的,它是裘皮的俗称。动物的毛皮经过加工处理,可以成为珍贵的服装面料,通常我们把鞣制后的动物毛皮称为"毛皮"或"裘皮",而把经过加工处理的光面或绒面皮板称为"革皮"(皮革),而直接从动物体上剥下来的皮叫做"生皮"。可能人们会认为"裘皮"这种称呼听起来较高贵些,而"毛皮"则好像是普通的东西,其实这是书面语言和口语之间的差别所带来的误导,而在真正意义内涵上,"毛皮"与"裘皮"这两种称谓是可以相互替换使用的。

(三)最通俗的称呼——皮草

皮草这种称呼其实是行业内对裘皮更为通俗的称呼。但对于"皮草"这一称呼的来源,却没有具体的可考证的来源资料,众说纷纭:有说是旧时上海等南方城市中出现的一种店铺,因为商品的时令特点,冬天会在店里卖毛皮而夏天改卖凉席的特点,称为"皮草行";还有说法是来源于香港与上海地区的广东人的语言中,兴起并流行于现代商业领域中,因为从皮根处长出的优质毛皮会像草一样密集,所以被称之为"皮草"。这种说法无可考性,也可以说是杜撰,但由于经济相对发达地区所赋予的话语权而在名分争夺中取得了优势地位。而现代媒体的传播更使"皮草"一词带上了新鲜、时尚的语意联想,摇身一变成了时下最为流行的词汇,而被时髦人士不加深究地广泛接受了。

究其实质,裘皮、毛皮与皮草本就是同一族,都是对来源于大自然的一种全天然的服装用料的称呼,就像我们对羊毛、棉花、蚕丝等天然纤维的称呼并用它们来纺纱织布,用皮革来制作服装一样,所不同的是,它的价值更高贵,历史更悠久些——可以想象我们在原始森林里奔跑打猎的祖先腰间系有的那块猎物皮就可以看作是我们裘皮服装的雏形了。

就像人类通过生产实践已学会用饲养或种植的办法来获取原本只属于大自然拥有的全天然的服用材料,如种棉、牧羊、种桑养蚕等,而且经过人类高科技的加工处理获得了大量高质量的服用原料,同样,对于毛皮,人类也采用了人工饲养的方法,而且会越来越普及,这样不仅可以保证毛皮产品的质量,而且也会起到对大自然的一种有效保护作用。

二、毛皮服装的历史
(一) 最古老的面料

毛皮可以说是人类最古老的面料,可以追溯到我们祖先在原始森林里追逐打猎时围系在腰间的那块动物的毛皮开始。

史前人类猎杀动物食其肉衣其皮,动物毛皮是当时人类的唯一面料。19世纪中叶,欧洲的考古学家在法国东南部的拉萨佩勒—欧赛恩茨(圣沙拜尔)附近的山洞里,发现了一处比较完整的,距今时间约为20万年的尼安德特人遗址。遗址伴存有丰富的文化遗物和动物化石,细心的人们从化石上看到了上面被切割过的痕迹,根据这个发现,一些学者推测:切割是为了获取动物的毛皮,在当时,毛皮可能曾是某种被用作包裹身体的形式。尼安德特人时期人类已经逐渐脱落体毛,而第四冰河期已经到来,可能是出于防风御寒的目的,导致了服装的产生。另外,在苏联北部曾发现冰冻在岩层中的男孩遗体,男孩身体上覆盖着被认为距今时间约为10万年的毛皮下装和类似于鞋子的物品,这些毛皮服装都是未经处理的原始兽皮。而真正意义上我们迄今见到的一件最早的完整毛皮服装是被发现于西伯利亚路德尼亚新石器时代墓中,它用多张貂皮、松鼠皮、驯鹿皮裁成窄条状,然后用染成明亮色彩的驯鹿肠为线连缀成的裙子。

考古学家对旧石器时代中期在法国西南维泽尔河岸穆斯特文化遗址发现的石器做出分析认为:"用三角形石片修整成削刮器,主要用作切刀,裁割兽皮,制作服装。"说明50 000年前的穆斯特型古人已经开始用兽皮缝衣了。在法国图卢兹(Toulouse)发现的距今有20 000年历史的原始人的洞穴壁画上,我们就能清楚地观察到人类早期身着毛皮服装的形象,其毛皮服装明显地已经是经过缝制之后穿在身上的。而我们中华祖先最先用来御寒的衣服也就是兽皮,商周时不仅早已掌握熟皮的方法,而且已掌握了各种兽皮的特点,当时天子的大裘采用黑羔皮来做,大夫、贵族穿锦衣狐裘,《诗经·秦风》中有"君子之止,锦衣狐裘"的诗句。

（二）标志性发展阶段

纵观历史，毛皮服装的发展大体经历了由早期以防寒护体为主的功能性阶段逐渐到以图腾崇拜、权力象征的魔力型为主阶段，中世纪以高贵、华丽的形式表现社会地位的标识性为主的阶段，到现代表现时代精神的时尚性为主的阶段。它从早期"服装"的概念演化为中世纪的象征物，又转变为现代的时装。在历史的舞台上，它几经变迁，不变的是它华贵自然的品质以及与服装的天然联系。

大约在6 000～10 000年前，麻纤维打破了毛皮面料一统天下的局面，当时在文化发达地区已经普遍使用纤维面料。而在古埃及穿着毛皮开始成为特权的象征，实际上炎热的埃及是不需要穿毛皮的，因此这就成了用毛皮象征财富和权力的最初的例子。到古罗马时代，贵族用毛皮制作床上用品和垫子，但同时他们又反对把毛皮穿在身上，因为居住在敌国边境的未开化民族穿着原始的毛皮，所以在古罗马，毛皮有两种截然相反的标签，一种是落后于文化进步脚步的、被称为"野蛮"的标签，另一种则是表现特权的、被称为"豪华"的标签，这两种标签一直并存着。中世纪的欧洲由于战乱，毛皮较少，所以，毛皮再次在欧洲受到青睐是中世纪的后期了。14世纪的爱德华三世，把貂皮定为皇族的专用品，成为了最高的身份象征。但是，当时的人们普遍认为，毛皮服装的毛朝外穿不是文明人的穿法。直到19世纪末，整件皮毛朝外的毛皮夹克和大衣才开始登场，而这最先把毛皮朝外穿的设计创举是巴黎的高级时装设计大师多赛（Jacpues Doucet）。随着1886年在加拿大，人工养殖水貂成功后，随着养殖业的发展和发达，现在人们使用的毛皮90%都是来自于养殖场，价格也较以前便宜多了，使得毛皮服装从传统的高贵奢侈品走入了我们现代普通消费者的生活中，如今潇洒、休闲、运动、时尚为毛皮服装增添了时代的新精神（图2-1～图2-3）。

图2-1　公元前2590年至2565年，古埃及公主身穿豹皮长裙

图2-2 15世纪,爱德华三世的着装,毛皮材质长披风

图2-3 1910年,高级时装设计大师Jacpues Doucet毛皮丝绒外套作品

三、毛皮服装的现状

现代经济是全球一体化经济,任何一个国家的任何一个行业都和世界经济环境息息相关,毛皮服装、服饰相当一部分的消费群体位于美国、欧洲、日本等发达国家。近年来,随着中国经济的崛起,中国毛皮行业也在全球毛皮行业中扮演着越来越重要的角色,全球大约70%的皮草服装在中国生产加工。作为新兴的皮草消费市场,中国也备受瞩目。同时,新技术和生产工艺使得毛皮不仅用于秋冬时装,也逐渐应用在春夏时装上。毛皮原料的通用性以及与其他面料如皮革等混搭的趋势使得它更加轻盈,从而应用更广泛(图2-4、图2-5)。

(一)国际毛皮服装现状

目前毛皮产业进入发展期,其利润和增长速度也在快速增加和发展,已经出现真正的国际贸易格局,促进了毛皮行业的发展。其产业流程经过不同国家的不同组织机构、贸易企业、生产厂家以及配套行业的链接,形成了跨国界的世界性贸易联合体。毛皮服装和配饰的销售渠道包括品牌毛皮服装专卖店、百货商店等,其最大的消费市场集中在中国、意大利、俄罗斯、韩国、日本、美国等国家。根据国际毛皮协会公布的数据,2012年度全球毛皮零售总额为156亿美元,与2011年相比,增加了5亿多美元。2001年全球毛皮行业的销售额为109亿美元,因此过去十年来毛皮行业整体销售额增长了44%。之所以取得如此瞩目的增长,主要原因在于亚洲市场对毛皮的需求持续增长,过去十年整个亚洲地区的销售增长了三倍多,目前已经超过欧洲市场。毛皮加工技术的发展也为毛皮服装的流行提供了强大的技术支撑。如雕刻、印花、激光等技术混合多种材料,毛皮可以创造出丰富多样的款式。

图2-4　毛皮家居用品

图2-5　毛皮材料与针织面料的混合搭配

(二) 国内毛皮服装现状

中国具有悠久的毛皮服装行业历史与传统,已形成从动物饲养到去皮、硝制,从服装制造到产品出口较为完整的毛皮服装产业链。中国目前已经成为最大的毛皮原料进口、最大毛皮服装生产国和出口国,中国的毛皮服装生产和出口约占全球的70%。同时,中国的国内毛皮服装消费也在逐步增长。中国食品土畜进出口商会发布的《中国毛皮产品报告》显示,与欧洲和北美市场相比,中国毛皮的发展势头强劲,中国市场占全球毛皮销售总额的1/4,这带动了整个亚洲市场的消费。预计到2015年,中国将成为世界最大的毛皮服装消费国,毛皮服装总需求量约为174万件,中国已经成为公认的毛皮生产大国和消费大国。近年来毛皮服装越来越趋于时尚化、个性化,摆脱了季节性和地域性的束缚,毛皮饰品也应用于各种时尚服装、家庭装饰、汽车装饰等领域,应用范围越来越广泛。中国毛皮产业正在汲取国际先进经验,不断完善毛皮服装行业标准。从以往的粗放型向品牌、质量、环保、效益型转变,伴随着行业的快速发展而逐步趋于规范,趋于理性,趋于成熟。

第二节　毛皮、毛皮服装的特征及分类

毛皮的真实、不能被复制,其独特的天然属性和多变的质感,都决定了它可以被选为服饰品的奢华材料之一。用于制作服装的毛皮种类丰富,在特征上存在异同点。我们不仅要了解毛皮

的自然构造与特征,也要了解不同毛皮品种在毛色、花纹、柔韧度等方面的区别和各自的特色。这样才能结合不同的加工技术设计、制造出符合自身特色的服饰产品。

一、毛皮的自然构造

（一）自然结构的基本特征

毛皮由动物的皮革及生长其上的动物毛发构成,一般我们称其为皮板和毛被。我们区别不同皮草的重要特征在于其毛发的不同,长在皮板上的动物体毛分为底绒、枪毛两种,它们共同形成了毛被,其中枪毛亦称粗毛、针毛或引导毛。动物毛皮的种类虽然各不相同,但一般兽皮的组织结构则大体一致的。其中底绒就是最贴近皮板的一层绒毛,底绒厚密、柔软,比较短细,主要起着保持体温的作用；枪毛即处于最外层的体毛,枪毛密度比较稀疏,质地比底绒粗、硬,但光泽度高,装饰性强,在光线下看到的毛皮服装上如丝绸一般的美丽闪光,那便是枪毛的作用了。所以,了解了动物皮板上的这两种体毛的构造和特点,就能便于我们根据不同的需要,选取不同的工艺对动物的毛皮进行加工处理,以获取满意的外观及触觉效果。

（二）自然结构的特殊特征

底绒和枪毛共同构成毛被是绝大多数动物毛皮的一种自然结构,但正如不同的动物都有自己独特的生活习性一样,不同动物有自己毛皮的特殊特征。有些动物虽兼具底绒和枪毛,例如银狐、蓝狐、水貂、紫貂、狸猫、浣熊等,但同样是狐皮的银狐与蓝狐就有很明显的分别：银狐的枪毛较长,底绒较薄；蓝狐则底绒较密而枪毛较短。又如貂皮作为最重要的皮草之一,需要注意的是,我们通常是将其按性别分开来使用的,公貂体积较大,皮板较厚、较重,而母貂则体积较小、皮板较薄,底绒细密轻柔,因此,母貂的价格高于公貂,特别是用来制作全毛皮服装的时候常用母貂皮。其他毛皮动物因其性别不同,也会在体积毛质上有些差别,但不似貂皮这样明显,因此多数不予考虑和重视。有些动物的毛皮就仅有底绒,如青紫蓝、獭兔等；有些动物的毛皮则根本没有底绒,如海豹、斑马等；还有些动物的毛皮则有特殊的外观,已不能以通常意义上的底绒和枪毛来定义,如羔羊的毛卷曲或紧贴皮板,而滩羊则蓬松散开,枪毛特长而卷曲,适合于特别效果的设计。

二、毛皮的特征

毛皮由毛被和皮板组成,皮板厚实紧密,不宜透风；而毛被在绒毛间形成了空气层,相对静止的空气被禁闭在毛被的绒毛中间,热量不易散发。毛皮具有良好的保暖性能,而且毛皮质地柔软,手感滑顺,坚实耐用,高贵华丽,吸湿透气,服用性能良好。动物毛皮所具有的天然绒毛,如独特的斑点条纹,特殊的肌理效果等,均给人以特有的视觉和触觉感受。

由于动物毛的生长具有一定的方向性,其表层富于自然、柔和的光泽。毛皮材料面积的大小,取决于动物的体积,毛皮面料不像织造面料那样可以通过织造、印花可以直接获得大面积且连续性的匹布及图案,毛皮材料则必须进行拼合,拼合不仅是一块块毛皮材料连在一起变成一张大的毛皮,而且还会出现拼合后图案效果。拼合方式的不同,毛皮服装的外观会产生许多的变化。

动物的毛皮在一年的四季变化中呈现出不同的品质。其中秋末季节的毛皮品质最好,夏季毛皮的品质最差,其它依次为冬季良好,初秋较好,初春较差,夏季及夏末差。

三、毛皮的分类

（一）中国传统毛皮分类

1. 根据毛的粗细分

根据毛的粗细等品质分可分成粗毛、细毛两类。细毛有貂鼠、水獭、青白狐、火狐和银鼠等，粗毛有黑紫羔等。

2. 根据毛的长短分

根据毛的长短为指标把毛皮分成大毛、中毛和小毛。大毛有狐狸、猞猁和狸子等；中毛有灰鼠和银鼠等；小毛有珍珠猫等。同一种动物毛皮，由于取毛兽龄、部位和季节的不同，或产地、加工方法的差异，也可分别归入大、中、小毛。所以有大毛貂皮，也有中毛、小毛貂皮；有大毛羊皮，也有中毛、小毛羊皮。

（二）现代毛皮分类

现代毛皮的分类基本按其所属种群进行划分，同族的动物再按其产地冠以不同的名称。可是现代毛皮工业面临的一个现实问题是野生动物大量减少，而人工饲养的毛皮动物又集中于狐狸和貂，所以比较实用的分类方法是将毛皮动物分为野生和人工饲养两种，再将人工饲养的毛皮动物分为狐类、貂类、羊类和其他种类的毛皮动物这样四大类。

人工饲养的毛皮动物是当今制作毛皮服装的主要来源。全球人工饲养貂皮和狐皮的最大产区在欧洲的斯堪的纳维亚一带，亦称北欧，它因其高质量、高产量的饲养水貂和狐狸这两种最重要的毛皮动物而在世界毛皮业享有盛名，国家主要是指丹麦、芬兰、挪威和瑞典四国，北欧四国的貂皮产量约占全球总产量的70%，狐皮产量所占比例更高达80%以上。因其处于高纬度地区，气候寒冷，所以动物有厚密的毛皮用于抵御严寒。北欧四国有着大片的森林和广阔的海域，这样就给毛皮动物提供了有利的生长环境。而且丰富的海洋鱼货可以为毛皮动物提供长期的食物资源。这些得天独厚的自然条件都为北欧毛皮动物的人工饲养提供了先天的优越性。

1. 狐类（Fox）

狐狸属于奢华的长毛型动物，其毛皮柔软、光滑，盛产于世界上气候寒冷的地区。狐狸毛皮有底绒和枪毛，其毛皮柔软、光滑、细密而且绒毛丰富。由于地区和自然条件的不同，其皮板、毛被、颜色、张幅等各异。国内狐皮质量以东北的为最好，毛稀绒厚，皮板厚软，拉力强，色泽大多为棕红色，御寒能力强；而产于广西的质量则稍差，毛短绒粗，色红黑无光泽，皮板略显干燥。狐狸的品种很多，但主要分银狐、蓝狐、蓝霜狐、影狐、红狐、沙狐等。狐皮有白色、银色、蓝色等多种不同的颜色，可以满足人们不同的外观要求及需要。

银狐（Silver Fox）。银狐是红狐中产生的变种，为长毛型毛皮动物的代表，其毛皮的主要特征是枪毛呈银色，并且与长而飘逸的黑色针毛混合在一起，绒毛呈青灰色。银狐皮天然颜色的差异可由极浅色至极深色，其共同点是狐皮背部中间的位置有明显的黑色纹图。银狐皮可染成各种颜色，但只有银灰色长毛部分最能上色，所以原有的深色纹图仍可保留，根据其银白色枪毛的含量我们可以将它分为全银、3/4银、1/2银及全黑等数种，北欧、北美以及俄罗斯为银狐的主要生产国。银狐毛皮服饰在20世纪30~40年代极受欢迎，几乎每个影星都会在公共场合展露其穿着银狐毛皮服饰的身姿，一般采用自然色的银狐皮做颈围、毛皮饰边、外套、大衣和夹克等。但随着现在加工工艺的不断突破，银狐毛皮服饰被运用的范围越发广泛了，而且银狐已在北欧四国大量饲养，这使得银狐服饰比以往更加流行（图2-6、图2-7）。

图2-6　银狐毛皮颈围

图2-7　整只银狐毛皮围巾

银狐毛皮因其本身就具有清爽美丽的色泽，在设计中我们常会直接用其本色，并与其色调相搭的高级灰结合更显其高贵，或利用现代更科学的技术方法使银狐毛皮表现的形式更生动活泼。为适应变化多端的需求，时尚界设计师们又利用不断创新的毛皮加工工艺和先进的染色技术，将银狐皮草绒毛丰厚以及枪毛长的功能和特点运用发挥得淋漓尽致，设计出最能体现银狐毛皮特色的服饰。有突出其长长的枪毛，利用先进的染色使银狐毛皮更加丰富多彩的服饰，也有利用特殊工艺使表面肌理更加丰富的服饰（图2-8、图2-9）。

图2-8　银狐披肩

图2-9　蓝调银狐裘大衣

蓝狐(Blue Fox)。蓝狐属于白狐的变种。盛产于除丹麦以外其他北欧三国的高纬度地区,尤多产于芬兰,20世纪大部分芬兰蓝狐都为人工饲养而来。蓝狐也被称为挪威狐或北极狐,它是所有狐类中产量最大的品种,所以它可作为狐类毛皮的代表。其毛皮的主要特征是底绒厚密而枪毛则较短,毛为杂色,高光显出柔和的蓝棕色,枪毛上有柔软的毛尖并且毛尖上呈现出短短的黑色。蓝狐毛皮多需染色,但由于其针毛颜色深,所以若把蓝狐毛皮染成较浅颜色时其针毛末端较深颜色仍能清楚可见,多样的染色效果为追求流行的人们提供了时髦且多种色彩的选择。

蓝霜狐(Blue Frost Fox)。蓝霜狐是银狐和蓝狐交配而成的一个品种,所以它同时具有银狐那黑色的短毛和蓝狐那短而密的底绒这些毛皮特征。其背部有深色纹图,身体两侧毛成浅灰或咖色,毛长属于中等,适宜做各种染色。

影狐(Shadow Fox)。影狐的毛皮非常接近白色,其针毛和底绒共同拥有浅颜色,适合染成各种颜色,可获得颜色一致的效果,全身毛长整齐。

红狐(Red Fox)。红狐又称赤狐或草狐,其毛皮是一种珍贵的狐皮,也是最轻质的珍贵毛皮之一。世界上有四十多个品种,除南美以外,其他国家都有产红狐。在我们国家分布也很广泛,其中属东北和内蒙古的红狐最好,毛长绒厚、色泽光润、针毛齐全。最高档的还得属产于西伯利亚与加拿大北部的红狐毛皮;美国最优质的红狐毛皮是阿拉斯加的深红色丝制毛皮;高档的黄红色毛皮则产于加拿大西北部。红狐毛皮的主要特点是毛分两层,底层绒毛为丰富的短毛,枪毛为红金色、红褐色或黄褐色,此外,由于分布区自然条件的不同,其毛色变异较大,有火红、棕红、灰红等。其突变异种有金十字狐皮(Gold Cross Fox)和白金狐皮(Platinum Fox)等。金十字狐皮拥有天然长毛,给人"狂野"的感觉,金十字狐皮的颜色差异可由深灰至深红,背部中间的位置有明显的十字型纹图;白金狐皮全身呈灰白颜色,并与背部纹图颜色混为一体。颜色丰富的红狐皮饰主要用于高级毛皮服装等。

沙狐(Vulpes Corsac)。沙狐是一种较红狐体型小些的狐狸种类。他有着类似于沙漠般清新朴实的颜色,在中国,野生的沙狐主要分布在内蒙古的呼伦贝尔盟及青海、甘肃、宁夏、新疆等地。其毛皮的主要特点是:由底绒和枪毛组成,它从脊背的棕黄色向腹部过渡到浅白色和其脊背针毛顶端呈现斑斓的白点,因此近年越来越受人们的喜爱。

2. 貂类(Mink)

貂皮是最重要的毛皮之一。貂是一种黑色鼬科类动物,盛产于欧洲、亚洲和北美洲,虽然国际上通常会以不同的名称为不同家族的貂取名字,但我们翻译成中文就只有一个字——貂,所以我们一般会在貂的前面加上其最显著的特征来给它冠名以便与其他种类区分。貂皮主要的特征是色泽优雅,而且毛不长不短,触感光滑而且柔软,最重要的是其枪毛和底绒相互调和,毛色丰富,经久耐穿,颇具豪华感。通常在制作全毛皮服装的时候,是按照貂的性别来区分使用的,这样区分是由于一般公貂皮的针毛较硬较长,而且其体积较大,皮板较厚、较重;而雌性貂皮其针毛较软较短,并且其体积相对小些,皮板薄些,底绒细密轻柔且光泽度较高,所以雌性貂皮的价格要高于雄性貂皮。

貂皮有两种基本类型:一种为自然野生貂的毛皮,而另一种则就是人工养殖貂的毛皮。自然野生貂通常生活在河流和湖泊的附近,以新鲜猎物为食,例如蛙、蜗牛、蟹、鱼,也吃鸟类、老鼠、兔子等动物,一般以加拿大东部出产的为最佳,美国东北部出产的次之。通常野生貂的毛要比饲养貂的毛长,其个头较小,颜色也根据产地的不同而不同,从黑色、中灰色、蓝灰色到红色。

自1940年人类第一次饲养貂成功并培育出很多品种以来,科学的饲养给予貂良好的生长条件,而且利用现代的先进基因技术,使貂的毛皮更为优化,毛皮的颜色也从原来天然的单一黑褐色发展成多种色彩。

虽然貂的家族品种很多,但用于毛皮服装业的主要是以农场貂、紫貂等毛皮为主。

农场貂(Ranch Mink)。这种人工培育和繁殖的品种在北欧四国大量饲养,也是世界上使用量最大的貂皮种类。美国饲养貂皮的最高级品的商标为EMBA,斯堪的纳维亚的商标为SAGA,俄罗斯的商标为NORKA。农场貂由于有良好科学的生长环境,其毛皮分层度相比野生貂毛皮不会那么明显,手感和外观会更趋附于人们的需要,所以饲养貂的毛皮色种会更丰富,光泽会更美丽,是理想的外套用毛皮。更重要的是我们可以人为地培育出毛皮更厚实,颜色更加黑亮,呈现出丝般光泽和手感的种类来。一般貂皮主要色种有:本黑色貂皮(Scanblack Mink)、马哈根尼貂皮(Mahogany Mink)、深啡色貂皮(Scanbrown Mink)、红啡色貂皮(Scanglow Mink)、浅啡色貂皮(Pastel Mink)、蓝宝石貂皮(Sapphire Mink)、铁灰色貂皮(Blue Iris Mink)、银蓝色貂皮(Silverblue Mink)、珍珠色貂皮(Pearl Mink)、紫罗兰貂皮(Violet Mink)、米啡色貂皮(Topal Mink)、米黄色貂皮(Palomino Mink)、白色貂皮(White Mink)、黑十字貂皮(Black Cross Mink)、银灰色十字貂皮(Silvergrey Cross Mink)、银十字貂皮(Silver Cross Mink)、浅啡色十字貂皮(Pastel Cross Mink)、黑白花纹貂皮(Finnjaguar Mink)等。其中本黑色貂皮,属于黑色种类,貂皮背部的中间位置,有一条较深色的条纹,虽可利用漂染的工序去改变貂皮的原色,但现时大部分的传统貂皮衣服和产品都保持原来的天然颜色;马哈根尼貂皮属于棕黑色种类,产量多,是毛皮业的支柱;银蓝色貂皮属于灰色种类,并略带啡色,产量较其他啡色种类少;蓝宝石貂皮也属灰色种类;珍珠色貂皮属于杏色种类中的最浅色调,产量较黑色和各啡色种类少,可染成各种颜色即可制成不同类型的毛皮制品;紫罗兰貂皮属于灰色种类中的最浅色调,产量比较有限;白色貂皮拥有漂亮的天然洁白颜色,可配合不同需要而染成各种颜色,产量也是较啡色种类少;黑十字貂皮属于杂交繁殖种类,颈部位置有明显的黑色十字型纹理,这种貂皮的独有特色是经染色处理后,仍可保留原有的十字型纹理。

紫貂(Sable)。也称黑貂,是貂皮中最好的品种之一,在我国有"东北三宝"之一的美誉,也是我国驰名世界的名贵毛皮。一般用作高级翻皮大衣、披肩、围巾、帽子等。但质量最好的还属来自贝加尔湖东部的紫貂。紫貂毛皮的主要特征是毛皮分为两层,分别为略带青色的底绒和呈黑棕色的枪毛,总体体毛呈棕黑色,并掺有银白色稀疏针毛,毛被细而柔软,底绒丰富且厚实,清晰光亮,其毛皮散发出的那种银色高光非常的诱人,和其他毛皮相比,它几乎轻若无物。其中Barguzin的紫貂是紫貂中的极品,但若是呈暖棕色调的紫貂皮档次则相对低一些。

3. 羊类

羊皮具备不同的种类和多种纹理可供选择,从均匀的波浪纹小羊皮至毛质厚密而卷曲的厚毛羊皮,种类繁多。如果喜欢以名贵的羊皮制作大衣,可选择华丽的加高(波斯)羊皮,俄国出产的粗尾羊皮、充满动感的蒙古羊皮、柔软防水的Mouton羊皮,或者是细密名贵的Shearling羊皮等,都是品质上佳的毛皮。

本文重点讲述的是羔羊(Lamb),因为它是毛皮业最常用的品种。羔羊多产于阿富汗、俄罗斯及非洲、中东等地,其毛皮清晰、细软,板薄质轻,毛绒丰足,花弯紧密,光泽鲜明,以黑、咖啡、米色为主,毛滑不易结块,而且经久耐穿。一般来说以下几种羊的羔羊皮较好较常用。

粗尾羊（Broadtail）。粗尾羊皮是羔羊中最好的毛皮，以俄罗斯产为最好。这种羊毛有着丝一般的品质，光滑柔和，通常染成黑色使用。虽然这种毛皮薄，不十分暖和，皮质也较脆弱，但依然是一种十分美妙的毛皮。同时俄罗斯也极少量地供应天然棕、灰和灰棕色的粗尾羊皮。

卡拉库尔大尾羊（Karakul）。卡拉库尔大尾羔羊是较为名贵的羊种，毛质浓密、卷曲、光滑，特别是卷曲的毛能组成坚实而富有立体感的毛纹图案。一般来说厚的卷毛毛皮多用作饰边的服装，薄的卷毛毛皮则多用于整体服装上。19世纪末至20世纪初，卡拉库尔羔羊皮是一种制作外衣和帽子的流行毛皮，卡拉库尔大尾羔羊毛皮有时也指仿毛皮织物，与这种毛皮大体相同的是波斯羔羊羊皮。产于俄罗斯南部、伊朗和亚洲其他国家的卡拉库尔大尾绵羊的羊胎儿或刚出生的羊羔被称之为俄国羔皮。其毛质硬而卷曲但视觉上有短平、浓密且富有波纹光泽，毛色基本上为黑色，少数为灰色。19世纪末，这种毛皮较为流行，主要用来制作衣领和袖口的镶边装饰，也用来制作帽子。

波斯羔羊（Persian Lamb）。波斯羔羊皮是一种实用价值高，耐磨经穿，可制作大衣、帽饰、围巾、短大衣以及其他套装和大衣的装饰品或镶边等，颜色基本呈黑色、灰色或褐色有着卷曲毛皮图案的毛皮。

羊类中还有其他如山羊猾子皮（Kid）、美尼努（Merino）、托斯卡纳（Toscana）、小湖羊（Cheking Lamb）、滩羊（Tibet Lamb）等也是非常常用的羊类毛皮，被用于各类服装和服饰品上。

4. 其他种类的毛皮

其他种类的毛皮虽没狐、貂类、羊类毛皮量大，但在现代服饰中还是会被经常使用，使服装增色不少，无论是点缀、装饰还是全毛皮使用都还是很普遍的。这里为了阐述得更清楚，我们将其他种类的毛皮按小细毛皮、大细毛皮、粗毛皮和杂毛皮类来详细介绍。

小细毛皮类

青紫蓝（Chinchilla）。又称栗鼠。它被称为贵族之皮，皮质极轻却极保暖，深色底毛上是惹人喜爱的深蓝灰色长毛，但其体型较小，不易拼接。青紫蓝通常呈发蓝的灰色，且有深浅之分，其皮通常毛绒密实，据估算每张皮大约有20 000针毛。青紫蓝通常被当作宠物饲养，全世界只有极少数大型青紫蓝农场，丹麦的青紫蓝母种每年维持在大约5 000～6 000只，青紫蓝皮以美国出产的最为优质，毛身短而茂密，手感柔软如丝，暗蓝色的毛布满光泽，深色的绒毛细密丰润。

黄鼬（Weasel）。又称黄狼。毛为棕黄色，腹部的毛较浅，色泽鲜艳，绒毛短而稠密，针毛有极好的光泽，从而形成整齐的毛峰和细绒毛，皮板坚韧厚实，防水耐磨。也属于高档类毛皮，一般由于体积小，多用于披肩、围巾、衣襟饰边等，也有用作全毛皮服装的，但需要很多只来拼缝。

灰鼠（Squirrel）。体毛呈灰色、暗褐色或灰褐色，腹部为白色，毛细绒密，皮板丰满，质地轻软，色泽光亮，毛皮质量较好。虽然很多国家都有灰鼠，但作为毛皮使用的，要以俄罗斯的毛色呈灰蓝色的最好，但一般常将其加工染色，以更符合流行的需要。

水獭（Otter）。又名水狗。体毛呈黑褐色或黄褐色，针毛较粗糙，缺乏光泽度，底绒毛细厚实，直立挺拔，最大特点是不易被水浸湿，而且保暖性也很好，为我国珍贵毛皮之一。

银鼠（Ermine）。一种鼬鼠，盛产于加拿大和东欧，其毛色在夏季呈棕色，在冬季则变为白色，尾部的尖端带有黑毛。

海狸（Beaver）。海狸与山猫皮相似，但毛色为浅棕色，也没有丝一般的感觉，这种毛皮可以漂白，不过通常还是保持其原有颜色，海狸皮面积在小细毛皮类中还算较大，毛量丰厚，皮板较厚且耐磨经穿。

大细毛皮类

浣熊(Raccoon)。是一种较为重要的毛皮,浣熊大量产于芬兰、美国和加拿大,毛皮光滑,底毛灰棕色,长毛为黑色,有银色高光。因其数量多,适合工业批量生产,所以近年来开始流行,芬兰发展了人工饲养的浣熊,毛皮的颜色有漂亮的花纹。

负鼠(Opossum)。世界各地几乎都可以见到它。因为负鼠皮的外观与浣熊非常相似,美国产的负鼠皮常被漂白用来仿制成浣熊皮,白色底毛,长毛为银灰色,有些黑色杂毛。澳大利亚和新西兰的负鼠毛更软,光泽更好,有天然蓝灰、铁灰等色调。

狸子(Palm Civet)。又称豹猫。毛被为三种颜色,毛基为灰色,中部为白色,尖端为黑色。由于毛峰较粗,故常常拔去针毛后再使用,其底绒、毛绒细密,皮板厚实,防寒性好,外观色彩绚丽,属于高档毛皮。

猞猁(Lynx)。也称山猫。猞猁毛皮是毛皮中的极品,保暖性强,但最重要的是重量极轻,是最昂贵的毛皮,最贵重之处在于它的腹部,奶白色的毛上点缀着灰色和黑色的斑点,多产于加拿大和俄罗斯。

粗毛皮和杂毛皮类

猫(Moggy)。颜色多样,斑纹优美,毛被上有时而间断时而连续的斑点,斑纹为小型色块片断,毛绒足,板质丰厚,针毛细腻润滑,毛色富有闪光,暗中透亮。

兔子(Rabbit)。分为家兔和野兔两种毛皮。国内家兔以东北和内蒙古的最好,毛色多为白色,毛绒厚而平坦,色泽光润,皮板柔软;野兔背部毛一般较深,腹部的毛则为白色,并随季节而变化。

艾虎(Fitch)。又名地狗,属于珍贵毛皮,多产于芬兰、俄罗斯等国家。艾虎背部与尾部为淡黄色或淡棕色,腰背部有些黑尖长毛,因而形成浅黑色,冬季毛被成灰色,毛被的针毛和绒毛都较细软,毛被厚度不大。其毛色变化较多,一般底毛为白色,因为其枪毛前端呈黑色,所以长毛近乎于黑色,反差很强烈,但是可以通过染色使艾虎毛皮有着与黑貂皮相似的外观。一般人们就将其毛色分为黑白两种,其中最著名的是白色艾虎,其毛皮的尺寸为 300 mm×100 mm 左右,具有体型瘦长的特点。

毛皮的价格因种类不同而异,以上所提及的毛皮种类,其中猞猁、狐、貂、青紫蓝与银鼠的毛皮为名贵毛皮,灰鼠、浣熊、粗尾羊为中档毛皮,海狸、负鼠、水獭以及常见的兔皮、波斯羊皮、滩羊皮等为较低档的毛皮。为了适应大多数人的购买能力,除人造毛皮外,有将相对便宜的动物毛皮染成贵重毛皮的效果也不失为一种捷径。例如黄狼可以冒充貂皮,白山羊皮可以逼真地仿制成蓝狐、红狐、银狐和艾虎皮,白兔皮可以仿制成水貂皮和紫貂皮。但模仿的只能是外观,毛皮所独具的手感、毛分及内在品质却有很大的差异。

四、毛皮服装的性能特点

毛皮服装与别的比较厚重的面料服装相比还更厚实、松软、体积感强、柔软、滑顺、穿着舒适。毛皮服装是当今国际上盛行的一种高级时装,冬季女士们常常外着宽松毛皮大衣,内穿羊绒衫或羊绒连衣裙,显得既轻盈又雍容华贵。它的设计必须和工艺相结合,巧妙的利用毛皮的各个部分,强调纹路,运用染色技术,打破毛皮那种纯自然色的构成。水貂皮、波丝羔羊和狐狸皮被称为国际毛皮的三大支柱。

五、毛皮服装的分类

从毛皮功效性、年龄、用途、目的和品质等角度对毛皮服装进行分类，可以有以下几种类别。

（一）根据毛皮功效性分

通常情况下将毛皮服装分为传统的全毛皮服装类、毛皮饰边服装类和毛革两用服装类。但毛皮服装配件类也与我们的服装有着不可分割的关系，而且毛皮面料在毛皮配件中用得较多，我们把毛皮服装配件也列为单独的一类。

如今我们在描述毛皮的设计时，不仅包括上述设计，而且还包括现今时兴的毛皮家居产品设计等。

1. 全毛皮服装类

全毛皮服装顾名思义是指整件服装的面料在外观效果来看，全部采用毛皮来制作，即以毛皮作为服装的主要材料，除了一般服装设计所要考虑的因素外，更重要的是其设计过程中会涉及到毛皮材料的拼合问题。现在的全毛皮服装越来越倾向于时装化，品种极为丰富，款式、色彩、各种拼接方法都随季节和流行的变化而不断更新，风格多样，或粗犷、或休闲、或优雅、或简洁活泼，而且从幼儿到老年不受年龄限制（图2-10）。

2. 毛皮饰边服装类

毛皮饰边服装是指将毛皮作为装饰点缀材料，更多考虑的是饰边在服装上的位置、形式以及与其他面料的搭配。我们最熟悉最传统和最普遍的毛皮饰边方式便是将领口或袖口饰以毛皮，当今的时尚领域，我们将凡是用毛皮与其他材料相结合的设计，其中毛皮起到服装饰边作用的，都统称为毛皮饰边服装（图2-11）。

图2-10　多色全毛皮大衣

图2-11　外套帽檐、袖口、口袋边毛皮饰边

3. 毛革两用服装类

毛革两用服装是指将毛皮的皮板面利用现代先进的毛皮硝制技术也进行进一步的深加工处理，使其两面皆可使用的毛皮服装。现在很多的毛皮设计师也越来越钟情于这种两面都可以

穿着的毛革两用成衣设计。目前,毛革两用毛皮越来越广泛地被采用,以绵羊皮、兔皮、猾子皮等为原料制作的产品,虽然没有水貂皮那样华贵,但它们更富于变化,且价位较低,更适合年轻人群的消费,而且时装化程度更高,非常流行(图2-12)。

4. 毛皮配件类

　　毛皮配件是指采用合适的毛皮材料,有时也可以利用毛皮的边角材料设计的一些为增加整体装束的系列感、艺术感和配套感搭配的饰件,也可是单独的毛皮类配件,常见的品种有:帽子、围巾、披肩、手笼、鞋子等(图2-13~图2-15)。

图2-12　毛革两用驼色拼接外套

图2-13　撞色毛皮条状装饰的马海毛高跟鞋

图2-14　全毛皮纯色手套

图2-15　艺术感拼色毛皮围巾

（二）根据年龄分

根据年龄也就是目标客户分类，我们可以把毛皮服装分为毛皮童装类、毛皮青年装类、毛皮成年装类和毛皮中老年装类。

（三）根据用途分

如今由于各种毛皮材料的层出不穷，特别是各种人造毛皮面料的出现，毛皮服装早已不像过去一样单单只是身份的象征了，像贵妇人一般高高在上，而是日趋普及与平易，可以分为日常毛皮服装、社交礼仪毛皮服装和戏剧类、道具类用的装扮类毛皮服装等。

（四）根据目的分

设计服装的目的各不相同，或博得名声、或赢取利润等，所以根据不同目的用途我们又可分为比赛用毛皮服装、发布用毛皮服装、表演用毛皮服装等。

（五）根据品质分

毛皮服装是比较特殊的服装类别，有不同类别等级的动物、繁简程度不等的工艺手法，再加上现在各类人造毛皮材料的出现，我们又可以将其分为高档类毛皮服装、中档类毛皮服装和低档类毛皮服装，当然后者就近乎那种流水线上生产的材料就是人造毛皮的服装了。

第三节　毛皮服装设计方法

毛皮服装设计包括设计定位、选择材料、设计表达、造型设计以及色彩、款式和工艺等方面的设计。同样要遵循形式美法则和设计的基本方法和程序。在发挥创造力的同时，需要对毛皮原料特点有清晰的认知，结合材料特质进行廓形、色彩、主题的通盘考虑，还要始终把握所设计毛皮服装的风格。

一、毛皮服装设计定位

服装以产品形式出现时，由于产品设计会随着产品类型、市场定位以及消费者的不同而发生变化，因此在进行服装创作之前，都必须明确设计和销售的服装是属于哪一种类型的，属于哪一类的目标市场。毛皮服装同样存在设计定位的问题，由于毛皮服装设计需要消耗大量的珍贵毛皮材料（当然这里主要不指人造毛皮服装），同时制作加工过程需要大量的人力物力，致使毛皮服装的价格十分昂贵，零售价格从万元到几万元人民币不等，如紫貂大衣的零售价甚至高达几十万元人民币，因而用天然毛皮制作的服装就被定位于高级服装的类型，那种毛皮较差的或用人造毛皮制作的服装就相对来说以中、低档次为主，所以在设计前需要了解目标客户群，分析他们是高消费群还是一般消费群。在了解这部分群体后，就要进一步了解这部分群体的兴趣爱好、气质修养、心理特征以及生活方式等，同时也要结合整个国内外服装流行的趋势，及销售地域等多方面的因素来进行设计。

二、材料选择的特质性

服装设计几乎都是用衣料来表示的,因为款式的外型是借助衣料来塑造的,衣料本身的特性能左右一件衣服的外观和内涵,可以说,对毛皮原料的深刻认识和熟练运用是毛皮服装设计的一个比较关键的一步。不同的毛皮有其不同的特质,例如,银狐的毛较蓝狐的长,但蓝狐的底绒比银狐的底绒密,明白这些不同种类动物毛皮的不同,都会有助于设计,只有认识了原料的特性才能因材制宜、有的放矢、淋漓尽致地发挥毛皮的个性。

(一)针毛的选择

天然的动物毛都具有自然的生长方向,大多从头部向尾部方向生长。因为毛根与皮板之间会形成一定的角度,所以从不同角度观察毛皮会出现不同的色泽和视觉效果,俗称"顺毛"和"倒毛"。在毛皮服装的制作工艺中,毛皮拼接方式与毛皮生长方向密切相关。如毛皮女装中多采用顺毛展现一致的光泽和色彩。使用针毛较长的品类如貉子毛或狐狸毛制作饰边、领口等部位时,常用倒毛制作而产生丰盈蓬松的动感效果。

针毛除了有方向性以外,它的长短选择也有一定的规律。不同类型毛皮外观都具有较明显的个性和特质:如狐狸和貉子属于长毛型,针毛富于弹性,具有野性、张扬而洒脱的气质;水貂、獭兔属于中毛型,可塑性比较强,是常用型材料;卡拉库尔大尾羊、山羊猾子皮由于毛绒短且具有天然纹理可以营造一种含蓄低调的美。在毛皮服装设计中也常将针毛长度不同的材料混合使用,拼接后可以呈现出全新的毛皮外观和个性(图2-16)。

图2-16 狐狸和貂材料混合使用的新外观

(二)毛皮的大小和纹理

天然的毛皮原料面积大小受到动物品种、生长地区、动物性别、自身体量、获取季节等因素的影响,每一张毛皮的面积、纹理和毛质都不尽相同。需要对毛皮原料进行筛选,把大小、色泽、质感基本一致的挑选出来,再进行后续工艺处理。

大部分动物毛皮都有天然的纹理,如卡拉库尔大尾羊具有波浪般独特的天然纹理。一般动物的毛色在背脊处较深,腹部最浅,形成完美的色彩渐变过渡。如何巧妙运用毛皮的大小和天然的纹理是毛皮服装设计师工作的重点之一,也是打造不同毛皮服装风格的重要元素。

三、毛皮服装设计的表达形式

与其他类型的服装设计一样,毛皮服装的设计表达也分平面和立体两种方式。

(一)用平面方式表达

平面方式表达设计意图可以分为设计稿和服装裁片两种。用设计稿表达设计意图是最普遍的表达方式,因其快速、经济、形象且绘制材料的的多样性,使设计稿完全具备了正确表达设计师意图的功能。近年来出现的服装CAD系统具有模拟三维图像的功能,这就使设计稿的表达显得分外完善、直观。

用裁片表达设计意图是指直接在纸张或面料上画衣片，往往是设计者不会画画或对款式确实胸有成竹时才采用这种方法，因其错误率太高或代价较高而不常使用。

(二)用立体方式表达

立体方式塑造毛皮服装复杂的廓形结构、巧妙细节更为方便。可以将胚布覆盖在人台上，通过分割、拼接、折叠等技术手法制成预先构思好的服装造型，从人台上取下胚布在平面上进行修正，并且转换为更精确的纸样，再选择毛皮材质进行覆样、剪裁和缝合。通过立体方式制作的毛皮服装更富于变化，结构精巧。

除了上述两种主要的毛皮服装设计的表达形式之外，还有一些设计表达形式，如平面展示、图表形式等。

四、毛皮服装的造型设计

毛皮服装设计除了有面料和工艺的特殊性外，还要考虑其他服装设计的因素，如服装造型设计。这里我们将毛皮服装的造型分为外轮廓和内轮廓，一般情况下，设计的顺序先是外轮廓设计，确定总体上的形，后是内轮廓设计，细化局部的构造。

(一)外轮廓造型

由于毛皮材料一般都比较厚实，而且毛皮服装的设计也主要是针对秋冬装来进行的，所以常规的毛皮服装主要有大衣、外套等，因为其材料的特殊和复杂的工艺，通常使得毛皮服装多会采用造型稳重、结构匀称、色泽协调统一并富有层次感，整体感、外观自然宽松的造型，如 H 型、T 型、A 型等基础造型中的部分轮廓。而通常 X 型等紧身造型比较少。

1. H 型

H 型是比较普遍和常见的一种毛皮服装外轮廓造型。长方形，形如字母"H"的服装外形，一般又将其在毛皮服装中出现的形式分为箱形和桶形。箱形指上下宽度夸张不大，背和胸两侧有些宽余量，纵向要求线条挺直、简练、清新。桶形指上下收口，中间膨胀似酒桶的外轮廓造型，特别是其短造型似气球或灯笼，多用于夹克衫；过膝长造型似蛋形、椭圆形或 O 型，夸张肩部和下摆弧线，外形无明显棱角，服装较宽松，具有柔和别致的风格和含蓄温和的美感，多用于外套，适合瘦高者穿用，能显得体态丰满、雍容大方，令人联想到高贵和富有(图 2-17)。

2. T 型

T 型是指上宽下窄，形如字母"T"的服装外形，也称 T 型线(T LINE)、倒三角型或倒梯型的服装轮廓型。它具有上大下小的特点和活泼、潇洒、充满青春活力的风格，这种造型一般会强调肩部设计，如将服装的领子设计成大型披肩翻领，而整个衣身则采用平滑、自然的流线型线条造型，构成了服装的 V 型

图 2-17　H 型黑白毛革拼接外套

外轮廓(图2-18)。

3. A 型

A 型是指上窄下宽,形如字母"A"的服装外形,也称 A 型线(A LINE)、正三角型或正梯型的服装轮廓型。它具有上小下大的特点,这种廓型是通过修窄肩部使上衣适体,同时夸张下摆而构成圆锥状的服装廓型。常见的有披风、外套等,有稳重、端庄和矜持感。此外这种轮廓把外轮廓线由直线变为斜线而增加了长度,进而达到高度上的夸张而有向上蠹立的感觉,宽大的下摆可遮掩臀宽、腿粗的缺陷,配上高跟鞋,更有凌风蠹立、流动飘逸的感觉,所以,这种造型在毛皮服装设计中是比较受女性(尤其是成熟女性)的青睐。

基于这些外形轮廓,就可以将一向被用来做外套的毛皮服装在款式上进行长短、大小和宽窄方面的变化,也由此派生出了各种灵活多变的毛皮背心、毛皮披肩,和各种毛皮短装、中等长度外套、大衣、披风以及休闲风格的夹克外套等,有了这些外轮廓变化后毛皮服装的造型产生了新的变化,更加丰富多彩(图2-19)。

图 2-18　不规则大型披肩翻领

图 2-19　A 型黑白披风

(二)外轮廓造型风格

毛皮服装由于其材质和加工工艺的特殊性,致使其外轮廓造型风格也有一些特定的表现形式。

1. 硬朗风格

如上述毛皮服装多被用做外套、披肩等,采用比较普遍的 H 型、T 型、A 型,所以一般线型挺拔、简练,直线居多,弧线较少,零部件较为夸张、装饰不多,主要突出整体感,给人一种硬朗风格的印象。

2. 雍容华贵风格

毛皮除了上述这些外轮廓造型,加上毛皮材料独显的贵族气质,毛皮和一些丝绸、织锦、绒缎类织物的混用,使得它所焕发出来的雍容华贵风格更加深刻(图2-20)。

3. 庄重端淑风格

当毛皮材料遇到一些秋冬高级成衣、高档时装材质的呢绒面料,如精纺的呢绒面料和毛皮材料搭配时,一薄一厚,一实一蓬,富有节奏感。而与粗纺的呢绒面料相搭配时,呢绒面料那种粗犷的肌理与毛皮风格有不谋而合的协调感觉,独显庄重端淑风格。

(三) 内轮廓造型

内轮廓也被称为内部造型,是服装外轮廓以内的零部件的边缘形状和内部结构的形状。我们也俗称为细节设计。如领子、口袋等零部件和衣片上的分割线、省道、褶裥等内部结构均属于内轮廓设计的范围。当一个外轮廓确定以后,并非只有一种内轮廓布局与之相配,相反,可以在这个外轮廓中进行许许多多的内轮廓设计。有时,内轮廓和外轮廓的轮廓设计是公用的,难分你我,例如:高耸的领子、凸起的口袋、夸张的花边等。

毛皮服装强调整体设计,其造型轮廓往往舒展而简洁,所以款式设计中的内轮廓造型处理是整体设计的必要补充,进一步给毛皮服装带来个性和活力,而且大多数毛皮服装都选用相同的动物毛皮,为了使色彩和花纹统一,所以虽然有整体造型、款式、毛皮拼接方式等变化,但整个效果看起来给人一种平淡和无鲜明的视觉效果,在这个时候,就需要服装内轮廓造型的点缀和强调作用了。毛皮服装相对于其他类服装来说,我们可以采取改变毛皮材料表面肌理效果及细节部件的造型等方法,具体采用对比的手段如采取色彩的对比、材质的对比、形状的对比等(图2-21)。

图2-20　丝绸、绣珠与毛皮材料结合体现的雍容华贵风格

图2-21　色彩、材质的对比强调毛皮服装内轮廓造型

第四节 毛皮服装制作工艺

毛皮服装的设计主要体现在设计与毛皮材料的结合、设计与毛皮工艺技巧的完美结合两部分上。材料在毛皮服装设计中很重要,但利用各种拼接方法增加毛皮材料肌理效果就显得更为重要了。目前市场上,毛皮服装工艺多数仍属于传统范畴,并且运用还很普遍,但随着社会经济和人们时尚感悟的不断变化发展,毛皮服装也在不断的变化发展着,这种变化发展不仅表现在其款式的创新变更中,同时也反映在其制作工艺技巧的发明创造中,各种新工艺的创造,使设计师在运用他们无穷的想象时更能创造出更时尚、优秀的新产品来。

一、毛皮服装制作常用传统工艺

(一)抽刀拼接法

抽刀法特点是它的运用可使皮张伸长到所需的长度,可以将一张长度不够做成长大衣长度的皮张,通过抽刀的方法,改变皮张的长度、宽度甚至色彩肌理等,使其成为毛皮服装组合款式的单元裁片。目前,大部分抽刀都可以用机器切割,但也可以手工切割,运用抽刀工艺,有的毛皮改变了原有的色彩花纹,对于没有明显脊子的,如黑色的水貂皮,要想达到一些效果,我们还可以利用一条顺毛的条子和一条逆毛的条子的处理方法便可以产生明暗效果,有的造成毛皮裁条拉伸度的扩展,还有的形成毛皮表面不同的起伏肌理等效果,设计师可以运用他们的创意利用抽刀基本原理,把不同的毛皮、毛色排列放置而设计出不同的色彩效果或肌理效果的作品来(图2-22)。

图2-22 抽刀工艺的多色彩及肌理效果

(二)原只拼接法

原只拼接法的特点是不会像抽刀拼接法似的去改变毛皮的长度或宽度,而是将原只毛皮与毛皮直接缝合起来,保持动物毛皮的原始外观和整体效果。但是我们需要了解的是这种方法更加适用于毛较短的毛皮种类,作为设计师我们还可以灵活运用这一方法,比如说将整张原皮用不同的方式加以组合或组合时在拼缝处加入流苏甚至添串皮条等设计手法,以突出拼接图形的流动感和趣味性(图2-23)。

(三)半只拼接法

这种方法也是毛皮拼接法中较为常用的一种方法,即将动物毛皮在原只脊背的中间位子一分为二裁成两块,利用脊背中间的毛份与腹部毛份的长短差异和色差做花纹条子层次效果后重新进行缝合,半只做的方法,能充分利用花纹条子,使服装表面效果更加丰富(图2-24)。

图2-23 毛皮原只拼接长外套

图2-24 半只拼接法狐狸毛围巾

(四)碎料拼接法

这种方法的特点是在材料节约上面发挥很好的作用,因为通常做毛皮服装时会有一些如动物毛皮的头部、腿部等舍弃的原料,我们将用这些弃料拼接而成服装的方法称为碎料拼接法,在工艺师高超的技艺下,往往会出现一些意想不到的视觉丰富、线条优美且由整皮拼接所达不到的美感的作品(图2-25)。

二、毛皮服装制作新型时尚工艺

随着毛皮工艺的不断进步和创新,利用先进工艺手段使得各种"新"毛皮面料不断涌现,各种不同肌理效果和色彩的"新"型毛皮面料为毛皮服装设计提供了丰富的资源,当然这些"新"型毛皮面料的产生都离不开硝皮,即将厚硬、死板的生皮在毛皮的硝制技术部门运用化学药品使之变成舒适、柔和的熟皮状态,而后才为我们所用,一件硝制好的毛皮手感爽滑、质地柔软轻盈、毛色如缎,无疑是制作成衣的上乘之选,成为轻盈、柔软又美丽的毛皮服装。

图2-25 多种毛皮碎料拼接时尚外套

(一)毛皮原料时尚加工处理

不同种类的毛皮毛面外观各异,如狐狸毛皮表面毛长而丰厚,水貂毛皮表面如绸缎光泽,羔羊毛皮表面毛长而卷曲,正是这些不同的肌理特征造就了独特个性的各类毛皮服装,而设计师们则根据其不同的个性来选择,务求扬长避短,淋漓尽致地发挥各自特色,然而消费者们是不会仅仅满足于毛皮的这些天然老面孔,因此毛皮专业技师们需要发挥他们无与伦比的想象力和创造力,运用多种工艺方法,赋予毛皮各种全新的外观,或五彩斑斓、或更加趋于完美色彩、增加其层次感与立体感等。

1. 毛面肌理变化

拔毛、剪毛

拔毛亦称拔针,即用手工将动物毛皮粗硬的枪毛连根拔净而只留底绒,使毛皮变得柔软,其效果与剪毛相似,只是底绒保留了其自然的长度,表面虽然不如剪毛的毛头齐整,但其手感比天鹅绒还柔软顺滑,有一种无可比喻的美妙感觉。剪毛多用于水貂毛皮的处理,即用专门的机器将毛皮的枪毛剪成与绒毛长短平齐的效果,其外观与拔毛外观相似,但由于枪毛的毛根还保留着,所以手感就不如拔毛后的光滑,经过剪毛的毛皮没有了带枪毛时的光泽绸缎感,但却使其有天鹅绒般的亚光效果,而且使毛皮服装减轻重量并变得柔软。

剪花

一般是用专业剪花机器有选择地将毛皮表面剪成形状、高低不一的图案或是采用化学的方法将设计好的图案形状用丝网控制,再用特定的化学试剂在镂空部位进行处理,得到凹凸不平的立体花纹。多用于水貂、兔皮等原料的处理,最简单的效果是将其剪成灯芯绒般的肌理效果。

填充式浮雕效果

这种方式即在一张用水浸潮的毛皮和备用革皮衬里下垫上预设浮雕图案的模子,然后用专业可移动式缝制器沿着模子边沿将两块材料缝制在一起,最后在反面留口处填塞填充物,使其鼓起成立体状。

激光雕花效果

近两年来,激光雕花新技术被大量应用于毛皮产品中,激光加工技术是一种裁切图案非常之精确和先进的工艺设计,它能使原本单一的毛皮因其在保留动物毛皮原色的前提下又刻上了十分精确和特别的图案而变得看起来更加生动有趣。

刺绣

这是一种被普遍使用的工艺,即镶嵌刺绣、珠饰、花饰等,用在毛皮服装上,使高档产品更加锦上添花,更加时尚、高贵(图2-26)。

2. 毛面色彩、图案变化

毛皮服装的色彩搭配一般依据毛皮的固有色彩,进行色彩匹配设计,显得非常自然华美,并有丰富的层次变化。但在特殊的情况下也可以采取进一步染色加工处理,使色彩更加鲜艳靓丽,更能符合如今时尚社会的需求。

漂色

原色为纯白色的毛皮是十分罕见的,即使有也多少会带有些黄色或色泽不均。针对这一情况,行业内最常见的方法是漂色(也称漂白),漂白可以使颜色均匀,让白色或米色的衣服更自然无瑕。

目前,深啡的毛皮也可以进行漂白,褪掉底绒的啡色,再染成各种各样的色彩。当然,不同层次的啡色,退出来的色彩会不一样,这便需要技师的技术来调整。

图 2-26　卡拉库尔羊毛大衣上刺绣工艺增加奢华感

单色漂染

如同人们染发一样,毛皮的染色也是用化学药剂的方法来改变其原色,使毛皮具有更加多变和吸引人的外表,比如蓝狐(自然色为近乎灰白色)很适合染成各种不同的颜色,用于各种皮衣、羊绒衣的饰边,兔毛、滩羊毛(白色)染成各种浅粉、浅蓝的娇嫩色彩,用于制作背心、围巾、外套等时装款式。也许有些细心的消费者发现,有些动物的毛皮在毛的层次或花纹上有不同的变化,比如银狐、浣熊、青紫蓝、十字狐、十字貂等在它们的颈部或背部的位置上会有黑色的枪毛或咖啡色的枪毛,如十字型贯穿于其头颈背之间,针对这一类毛皮多进行单色毛皮的染色处理,可使其原来的底绒浅色部分改变颜色,而深黑色的枪毛部分则可以保留原有的花纹特色(图 2-27)。

多色漂染

多色漂染也叫"幻彩"工艺,是由 SAGA 中心于 1998 年最先研究推出的通过喷染技术达到多色效果的一个成功新技术。专家们首先将毛皮整个染成一个基础颜色,如蓝色、绿色、红色等,再用两种以上的附属色

图 2-27　亮黄色漂染的毛皮外套

在基础色上进行喷色,喷色只染毛皮的毛尖,而不渗透毛根,其效果是各个颜色之间和谐过渡,你中有我,我中有他,若隐若现,如烟似雾,形成迷幻的色彩感觉,如同千变万化的美丽极光,"幻彩狐""幻彩水貂"的陆续推出,给设计师们以无限的创作空间,烂漫的颜色特别适合搭配不同色调

的衣料做成饰边时装,另外如随意披搭在衣服上,就是一件时髦的披肩或很好的装饰品,增加服装的趣味性。

渐变漂染

随着时尚流行的不断变化,毛皮专家也不断注入创新理念,令厚重平实的毛皮演绎出更加丰富的变化。貂皮的渐变漂染就是其中一个成功的创意,通过精湛的技术控制,将貂皮表面漂染成从自然浅至深的渐变色彩,用这种貂皮制作的服装,自然和谐,细腻流畅,富有动感,令人产生一分新鲜感,这项工艺对技术的要求非常高,如果掌握不好,很容易染成颜色的断层,缺乏美感。

局部漂染

局部漂染是一种相对简单的工艺,分为局部单漂(也叫"雪上霜"工艺)和局部染色两种。前者是在统染后将毛皮的毛尖部分进行褪色处理使之变白,类似看起来像雪霜的效果,这种工艺处理后的毛皮服装在走动的时候会若隐若现地露出底绒颜色的效果,令毛皮平添色彩,营造出赏心悦目的视觉效果,一般用于狐狸、水貂和獭兔等动物毛皮中;后者局部染色顾名思义就是指染色时只染毛皮的某一部分,而其他的部分则保持不变,比如可将狐狸上层毛梢一撮一撮染成较深的颜色,可达到和狸猫腹部天然斑纹一样的效果。

局部喷染

也叫"喷脊子",因为如天然的貂皮在脊背的位置都会有一点深色的背纹,但不够明显,为了增加变化,在背纹上用喷染的方法,使背纹更加浓厚,呈现明显的纹理,打破了天然的平淡,营造出悦目的视觉效果。现在一种与"喷脊子"相反的工艺又被创造出来,该工艺是在脊背的位置进行漂白处理,在脊背的两侧进行喷染,因为喷染的面积更大,创作空间也随之加大,也就更加变化莫测。

印花

印花是染色的另一种常用的表现方法,只是它不仅仅改变了原有毛色,更重要的是增加了更有装饰效果的图案,在毛面部分运用各种明暗调和颜色随意印上需求的图案,但是其中毛的长短必须考虑在内,因为相同图案在不同长短的毛面上所表现出来的效果是不一样的,毛面印上的图案看起来会朦胧些,而那些修剪过的毛皮或短毛类的毛皮,印上的图案看起来就更加的深刻和清晰(图2-28)。

图2-28　皮革丝网印花彩色大衣

(二)貂皮时尚特殊加工工艺

1. 波浪工艺

波浪工艺所呈现的优点是非常迎合当今毛皮服装时尚所追求的轻柔、舒适、富于创意和变化的需要,顾名思义这种工艺得名于其运用这种工艺后在衣片上呈现的波浪形线条外观。步骤是首先将貂皮固定在板上,注意拉紧头部和尾部,使皮板伸展,但皮板不能拉得太紧,必须使其保持自然线条的形状,然后切割出波浪形条子,皮板的切割和伸展也以尽量保持其原有形态为原则,再按貂皮的自然形态缝合,这样有助于固定服装的外形,彰显毛皮的柔软特性(图2-29)。

2."流苏"工艺

顾名思义这种工艺是将貂皮加工成流苏状态,其要求是必须使皮面经过处理、染色,作绒面或光面效果处理。步骤是首先将各张毛皮缝接起来,注意在钉皮时保持自然的形状和需要在毛皮的中线位置上必须加上5 mm的毛皮专用胶贴,防止拉张走位,然后将毛皮按中线对摺,在距离中线7.5 mm的位置的皮面,用毛皮衣车缝上,再将貂皮的两面割成3~4 mm宽的流苏,最后将毛皮放在滚筒内,清除松落的毛。"流苏"工艺一般被运用于貂皮围巾的设计制作中,但随着现在时尚所需,设计师可以依据这个工艺方法,将加工过的流苏毛皮灵活运用于整个设计之中,常规边饰甚至整个创意"流苏"组合的服装造型都可以。

3."八抓鱼"工艺

这种工艺所表现出的效果有如流苏,但究其细节还是有不同效果的。步骤是首先将两只公貂皮紧钉在钉板上,预留颈部9 cm

图2-29 单缝线波浪缝制的小山羊皮、鹿皮连衣裙

的位置,然后将貂皮用切割机从臀部开始切成4~6 mm阔的条子,轻微弄湿条子,用电钻或类似的转动工具将貂皮条子扭转,为的是能再稍许拉长,在钉板上钉紧风干,条子风干后,用毛皮机将两张皮在颈部位置对接缝合起来,缝合时注意中间的条子必须两面均为毛面,最后将"八爪鱼"放入滚筒内,清除松散的毛。要获得理想的效果,皮面的颜色应与毛面染色相同,这种工艺一般也被用于制作围巾,现在我们也可以运用这种方法将其运用于服装造型设计中。

4. 镂空工艺

镂空工艺的优点是既美观又可以创造出轻盈的感觉,具体操作工艺是将貂皮按照设计需求切割成能组合成想要图案的平均若干单元,然后再将这些小单元组合而成。现在时尚设计的镂空图案是不受限制的,小单元不同的连接组合方式可塑造出不同的镂空效果。这些用貂皮镂空工艺得到的小单元也可以缝制在不同的面料上,也可做花饰或衣服的配件使用。

(三)狐皮时尚特殊加工工艺

1."砌砖"工艺

"砌砖"工艺的优点是其能制造出一种轻巧、别致、栩栩如生的双面效果,可随意采用任何种类的布料,不过最好选用质地较为稳固坚硬的布料做底布。具体操作工艺是首先要采用在完整的毛皮上切割出一条条宽1 cm、长2 cm的条子,然后按序列间隔错位依次缝合在底布上,设计师可以按照设计效果的需要灵活更改狐皮小块的长、宽和缝合在底布上的间隔距离以调配出不同的外观效果,甚至还可以在间隔缝合时加饰装饰性的其他设计元素。

2."转转转"工艺

"转转转"工艺的优点是能得到四面环毛、不露皮板,既丰满又轻盈的毛绒绳条效果,这种狐皮加捻技术对狐皮的利用不同寻常、新颖有趣,它可以将不同颜色、毛长的毛皮混合在一起,从而得到不同的美妙外观效果。具体操作工艺是首先要将狐皮裁剪成4~6 mm宽的长条,略加湿润后将其钉在钉板上,待晾干后可将一条、两条甚至三条毛皮扭转在一起,毛皮的宽度和数量决定了外观大小效果。我们可以将银狐皮的细毛条与短毛银狐短毛条扭转在一起可产生羽毛效果，若是将一头宽一头窄的毛皮条按宽窄交错扭转，可得到颜色渐变的效果。

（四）毛皮组合拼接工艺

1. 编织工艺

编织工艺是在一张网布上将毛皮条穿叉交织的一种手工编织工艺，这种工艺的特点是我们可以将各种不同花纹、毛长或表面不同纹理的毛皮组合织在一起，从而得到更加丰富的外观效果，在灵活多变的编织工艺运用下，可以根据设计需要，创造出轻巧改变毛皮外貌和色彩的"新型"毛皮面料，同时这一方法得到的柔软双面轻巧效果也非常适应现代时尚社会的需求（图2-30）。

2. 镶拼工艺

镶拼工艺使毛皮延长伸展，增加了其长度的同时又可以使毛皮产生更加新颖有趣的图案和不同的外观，使毛皮更轻、更软和更富装饰效果、更具流畅的线条，正如其名是将不同的整张或半张毛皮切割出网状的效果，然后按网状尺寸的设计移位嵌入拼合。同时，根据不同的网状嵌入后，缝合线的拉伸度不同，产生的毛皮外观形状也会不同（图2-31）。

图2-30　山羊毛皮切割成条，手工编织大衣

图2-31　3D立体色块貂皮外套，多色貂毛营造立体方块效果

3. 鱼鳞工艺

这种工艺多用于貂皮，将貂皮先割成鱼鳞状，然后辅助式再镶以狐皮作为其饰边。这种相拼方法能形成多层次的肌理和色彩变化。

4. "马赛克"镶嵌工艺

这种毛皮镶嵌工艺至少能节省毛皮用量的50%，而且从外观上看不仅仍保持了全毛皮的感觉，并且还丰富了毛皮表面的肌理效果。这种工艺一般是采用将一块完整的毛皮裁剪成多个1cm宽的长形条子，再将这些条子与同样宽的其他材料，例如皮革、织造面料、麂皮、针织面料等,以间隔方法缝制成皮板,再将这个缝制好的皮板横切出同样是 1 cm 宽的条子,最后将皮革条子和原皮板上横向切割的条子缝制起来,依据这个原理设计师就可以根据设计的需要,创造、变化出更多的色彩、肌理的样式来。

以上是毛皮服装设计中常用的一些基本工艺。我们可以根据设计的需求灵活运用这些工艺,从而得到各种不同外观效果的毛皮服装,除了这些基本工艺外,随着时尚脚步的不断变化,我们又可以将毛皮和各种其他类面料组合在一起,形成现代时尚的"新型"毛皮服装。

第五节　毛皮服装设计生产流程

毛皮工艺从人类祖先原始粗糙的制作起步,经过成千上万年的进化、发展,已日趋成熟。一件高品质的毛皮服装需要经过 20 道工序才能完成,如设计、确定用料、制板、制作布样、试样、修板、算料、配皮、配色、开皮、钉皮、裁皮、车缝、再钉皮定型、修样、熨烫、缝衬、缝里、后整理(去尘、去杂质)、干洗等。这些过程中的每一道工序都不是独立的,而是要考虑到前后衔接并及时调整。高度复杂的制作工艺,无疑是毛皮服装高贵的原因之一。

一、毛皮服装的设计

设计是毛皮服装生产的第一道工序,设计虽是最易理解的概念,但不同于一般时装的设计,它要求设计师在发挥创造力的同时要对毛皮的原料及工艺特点有较清楚的了解,这样才能因材制宜、游刃有余地进行款式设计。如貂皮的毛较短而狐毛较长,对整体的设计及视觉效果有不同的影响,有经验的设计师就会知道选用哪种毛皮或怎样组合不同的毛皮来创造出新的效果,但没有毛皮设计经验的设计师却一般都会先设计款式,再按照想象中的效果来选择毛皮。

二、毛皮服装制作工序
（一）确定用料

对于毛皮服装设计师来说,针对不同的设计个案选用适合的毛皮品种,这一步至关重要。因为不同用料的外观效果截然不同,再加上同一种类的毛皮,毛皮的大小、毛份、底绒的颜色也会有差别,最简单的例子是同一张毛皮的不同部位之间也有明显差别,比如银狐颈项间的毛较长,密度较小,较飘逸,而臀部的毛较短,密度较厚,有结毛。
（二）制板

根据设计的款式制作服装纸样,需要注意的是最初纸样要留做缝,但最终确定的毛皮服装纸样由于其车缝工艺所致,不同于其他的纺织面料服装,它是不需要做缝的。
（三）制作布样

即用坯布将板样缝制出来,再画上毛皮条纹的走位方向,给模特试身确认毛的走位是否合适,这是制作毛皮服装的必要步骤。毛皮因其原料贵重而不能直接依板制作,因为毛皮车缝并没有收口位,所以要对缝制好的毛皮服装进行修改是十分困难的。

（四）试样
将缝制好的布样在真人模特上试穿,从而就其穿着的合适度、款式等方面提出修改意见。

（五）修板
根据试样、设计师及毛皮匠的意见修改纸样,直至其成为可用于生产的最终样板。

（六）算料
依据选择的毛皮品种及纸样,计算所选用料的用量,并将毛皮的排列顺序标于纸样之上,这一步对于毛皮服装的成本及价格有至关重要的影响,一个有经验的技师可因此节约可观的原料。

（七）配皮
把毛色、毛质相近的毛皮根据所算的毛皮用量依数匹配出来,以备制作。就如同"世界上没有完全相同的两片树叶"一样,世界上也没有完全相同的两张毛皮,配皮技师的工作就是在同类大小尺码的毛皮中分出它们的细微差别,使制作的服装有协调一致的效果。

（八）配色
在制作毛皮服装的技师拿到配好的皮张后,依据纸样将其按顺序排列,再将底绒颜色最接近的相匹配,因为在已经完成配皮的数十张毛皮中仍会存在着不易察觉的差别,故此步骤的目的在于减少每张相连的毛皮之间存在的最小的差别。

（九）开皮
将毛皮动物由原先的筒状从腹中线裁开,使之成为一片皮张。

（十）钉皮
目的是定型。将开好的毛皮喷湿并拉平钉于木板上,待其干燥后拔去四周的钉,切去边角位的头、前腿和后腿,便获得一张平整、规则的类似长方形的皮张,以用于裁皮,这道工序固定了皮革面的伸缩性。

（十一）裁皮
根据款式设计,若是整皮制作,需要依确定的形状将整张毛皮修净,若需抽刀则需用专用机器依固定方向及斜度裁开。

（十二）车缝
将裁制成形的皮张或皮条依样缝合,直至其成为一件衣片,毛皮的车缝工具是单线缝纫机,车缝线迹类似于包缝,并且不留缝份(止口)。车缝过程中必须遵循的原则有:第一,车缝的尺寸大小需与毛皮的厚度相对应;第二,缝线的颜色必须与皮板的颜色相一致;第三,缝线的张力应根据毛皮的厚薄作相应调整;第四,线步的长度视毛皮种类而异;第五,线步深度的选择必须使缝合后的毛面不露线迹,在车缝过程中,保持毛皮的平整至关重要。

（十三）再钉皮定型
将车缝后的衣片按纸样钉于木板上,此次钉皮是将其定型。

（十四）修样
定型后,按纸样修剔整齐,便可缝合成为毛皮的衣壳(毛坯),衣壳需要拿到特制有孔的滚筒中清理毛碎。

（十五）熨烫
这是毛工的最后一度检查,看毛的大小是否均匀,颜色是否有差别,在缝皮及钉皮定型中,毛被压着,通过用蒸汽熨烫的程序解决被挤压的恢复问题。

(十六) 缝衬

一件毛皮服装在制成衣壳后,需要在其边缘四周等位置缝合各种衬料甚至填充物,以方便缝合里布,使其牢固或产生丰满的效果。

(十七) 缝里

将纺织面料与毛皮服装毛坯缝合,其中手工与机器兼用,使毛皮大衣有了里布,若是与布料双面穿着,则此步骤就是缝合面料,到此步为止一件毛皮服装基本上可以说是完成了。

三、毛皮服装后整理

后整理的目的在于去除制衣过程中没有除净的杂尘,一些动物固有的瑕疵杂毛则需要以手工用镊子拔净,最后将整件毛皮服装放在特制有孔的滚筒干洗机内进行干洗处理,目的是去除毛皮中的油脂,并使毛皮变得更加柔软。

以上只是毛皮服装制作的一般性基础步骤,而对于不同的设计,有很多程序需要灵活调整,我们作为设计师应当要了解所有这些过程。

■ 小资料

东北虎(NE·TIGER)

一、品牌简介

NE·TIGER(东北虎)始创于1992年,创造了中国高级定制礼服、高级定制婚礼服和高级华服的领先优势。NE·TIGER(东北虎)始终秉承"贯通古今 融汇中西"的设计理念,致力于复兴中国奢侈品文明。新兴中国奢侈品品牌。NE·TIGER(东北虎)定位于高贵、优雅、奢华的产品风格,拥有奢华皮草系列、高级定制礼服、高级定制婚礼服和高级华服等系列(图2-32~图2-35)。

图2-32 NE·TIGER的品牌标识

图2-33 NE·TIGER 2013秋冬皮草产品

图2-34 NE·TIGER 2011高级定制华服产品

二、品牌创始人

张志峰，NE·TIGER(东北虎)时装有限公司董事长兼艺术总监，亚洲时尚联合会中国主席团主席。张志峰被誉为"中国奢侈品第一人"，致力于将 NE·TIGER(东北虎)打造成为皮草、晚装和婚礼服的国际顶级时尚品牌。

三、品牌事件

[2011年]在美国纽约曼哈顿时报广场循环播放的《中国国家形象片》中，东北虎皮草有限公司董事长、艺术总监张志峰和他设计的华服在片中逐一亮相。

[2011年]"鸟巢"，史上观众最多的中国国服秀。

[2012年]应国务院新闻办邀请，在中日建交40周年之际参加"2012感知中国·日本行"的系列活动。

[2013年]受文化部的邀请，品牌参与在沙特首都利雅得"沙特杰纳第利亚遗产文化节"中国主宾国活动。在现场进行了"璀璨中华 华服之魅"高级定制华服的静态展示。

图2-35　NE·TIGER 2012秋冬皮草大片

■ 小资料

表2-1　常用毛皮动物名称中英文对照(部分)

序号	中文名	英文名
1	黄狼	WEASEL
2	西伯利亚貂皮	KOLINSKY
3	浣熊皮	RACCOON
4	猸子	PAHMI
5	旱獭	MARMOT
6	石獾	WATER BADGER
7	松鼠	SQUIRREL
8	鼬鼠	SKUNK
9	艾虎(地狗)	FITCH = MASKED POLECAT
10	鹿	DEER
11	山羊	GOAT
12	马	HORSE

(续表)

序号	中文名	英文名
13	猫	CAT
14	兔	RABBIT
15	牦牛	YAK
16	狼	WOLF
17	小狼（郊狼）	COYOTE
18	海狸	BEAVER
19	海豹	SEAL
20	臭鼬	SKUNK
21	海狸鼠	NUTRIA

本章小结

　　随着毛皮原料的开发及新技术的不断创新，毛皮服装更是走过传统，旧貌换新颜，得到了前所未有的发展，毛皮服装日趋普及与平易，更多的是走进了一个年轻、休闲和惬意的领域，这和我们不断进步的毛皮工艺、科技和人工饲养的普及有着千丝万缕的关系。本章详述了毛皮分类和制作工艺，概述了毛皮服装设计生产的基本流程。只有在深刻认识毛皮原料和不同毛皮服装制作工艺的基础上，才能顺利开展毛皮服装设计工作。

思考与练习

1. 在毛皮服装设计中对于毛皮服装的特殊工艺处理有哪些？如何灵活运用到造型中？
2. 选择一种或几种毛皮与其他材质的搭配做系列设计，并要求有详细的工艺搭配说明。
3. 做系列毛皮饰边类服装设计，并要求工艺说明。

第三章 内衣设计

  国内内衣行业发展起步较晚,随着行业的发展,人们越来越觉得培养内衣专业设计人才的重要性。内衣设计从灵感来源、材质选择、造型结构、穿着功能等都区别于成衣设计,有其独特的设计方法和系统理论,需要作为专项设计内容之一着重学习和研究。

第一节 概　　述

　　翻开人类服饰的历史长卷，关于记录内衣发展的历史资料总是凤毛麟角，而在这近一个世纪中，女性内衣变化是非常显著的。女性内衣朝着外衣化、功能化、舒适性以及保健性方向发展，各种类型的内衣层出不穷，内衣已不再是隐藏于外衣之下的"第二肌肤"，而是直接走到前台，直接进入人的视野，与各种配件和装饰物一起，在色彩、款式、风格方面与外衣搭配，共同构筑了"服装"的完整内涵。

一、内衣的定义

　　内衣（Lingerie）一词源于法文（原意为亚麻布），因为古时候的内衣是由薄的亚麻布所制，但现已演化成描述优雅而富于魅力的内衣制品，这些内衣不仅限于亚麻布制成，更多的是蕾丝、丝绸、雪纺绸和人造纤维制品。内衣又被称为 Under Cover 或 Under Wear，意思是穿在里面的服饰。从广义来说，只要是穿在外衣里面的贴体性的服饰，都可以称其为内衣，由于内衣具有其他服饰不可替代的功能性而成为现代人类必不可少的服装种类。

　　内衣设计是一门综合性的学科，其内容涉及服装设计学、人体工程学、医学、材料学、心理学等多门学科，是服装艺术与技术结合的典范。因此，只有了解以上这些学科在内衣设计中的应用法则，才能设计出符合人们生活需求的内衣。

二、内衣发展简史

　　内衣发展史与时装工业的历史交织在一起。直到19世纪中叶，西欧工业化之后，内衣的两个主要组成部分——紧身胸衣和贴身内衣，才从成衣中分离出来。在学习内衣设计之前，首先要学习和掌握中西方内衣的发展、演变及造型、结构是十分必要的。

（一）西方内衣发展简史

　　西方的内衣定义包括紧身胸衣（Corset）、乳罩（Bracup）、掐腰（Waistnipper）、连胸紧身衣（All-in-One）、背心式衬裙（Camisole）、短腰（Short）等许多种类。最早的内衣可追溯到古埃及和古希腊文明时代，当时的内衣单纯讲究功能性，欧洲文艺复兴以前，女性身体几乎不加束缚，贵妇们穿上衬裙作为内衣。虽然在古罗马时期已出现最早的乳罩雏形，但当今女性所穿着的标准内衣大都是现代的发明创造，例如短裤就是在19世纪后期才出现的。在此之前，人们认为除了穿着衬裙之外，女性在裙子下面再穿其他任何东西都不利于健康。

　　中世纪时，欧洲的贵族们开始在其装饰繁琐的华丽外衣下穿着用简单麻布制成的服装，这不仅可以使华贵的外衣不被体垢所损，还可以保暖，这与寒冷的气候以及当时人们不太良好的卫生习惯有关。

　　15世纪，出现了最早的紧身胸衣，当时，中央带有硬片、称作巴斯克式的紧身内衣。人们将它尽可能贴身穿着，靠近心脏。此外，还有鲸骨衬箍、环形衬裙和裙撑等，为穿着外层服装建立了一个完整的构架。16世纪流行的伊丽莎白式宽臀裙，使鲸骨衬箍流行。到了17世纪这种设计又进一步夸张，用特大比例显示当时华丽昂贵的服装面料。

　　19世纪中后期随着女性生活的改变，女性内衣质量和式样均达到极限，铁制和木制的紧身胸衣消失了,取而代之的是前平后凸造型的布制紧身胸衣。这种紧身胸衣裙撑较为紧凑,前腹部下方平坦,两侧也较自然,将夸张的重点移至臀部,用多层打褶的荷叶边或金属支架支撑臀部后方,形成S形。紧身胸衣和束腰形成上、下身明显的差异(图3-1)。

20世纪初期,人们只能偶然窥视女性摇曳裙裾下微露的脚踝。但是一场女性自我意识觉醒的革命正悄然兴起,紧身胸衣在20世纪初期这个生活节奏加快、生活内容发生变化、充满火车轮船、电报电话的新世纪已无立足之地,从此束缚女性300多年的紧身胸衣和裙撑被抛弃。

在20世纪20年代,"男士女装"和直线形服装的概念在女性生活中确立,特别是最具代表性的设计师加布里埃·香奈儿(Gabrielle Chanel),她反对紧身胸衣对人体的扭曲。30年代内衣的构造随着人造纤维技术的进步开始走向凸现胸型的路线,因为用这些材料制成的胸衣又轻又有弹性,既能保持女性体型又不会伤害身体。50

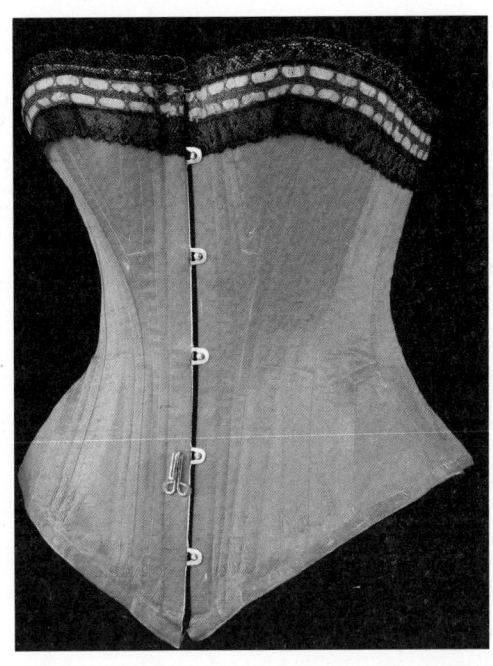

图3-1 19世纪中期欧洲传统塑身内衣轮廓夸张的S形曲线

年代,设计师克里斯汀·迪奥(Christian Dior)先后推出了非常女性化的"新面貌"装和"超女性"装。此时的服装特别强调女性胸、腰、臀部的曲线。60年代,女性因为受教育的关系,开始讲究自然,这个时候的胸围标榜浑圆的形状,内衣加入钢丝烘托胸部圆润的感觉。到了70年代,在"青年风暴"的影响下,人们追求个性解放、男女平等。借助于新思潮,服装发生了根本的改变,瘦裤脚和紧身牛仔裤的风行使臀部又成了焦点,相应地,小三角裤取代了坚实的短裤。T恤的大行其道使接受新思潮的女性烧掉文胸、束衣,不再粉饰自己,所以胸罩在70年代并不流行。这个时期提出反传统、反高级时装的口号,设计了大量新奇、怪诞作品的维维安·韦斯特伍得(Vivienne Westwood)是这个年代最有影响力的英国设计师,内衣外穿的概念由此确立。但80年代内衣的价值再次得到人们的肯定,内衣厂商们开始将设计的重点从注重功能性转向了注重外观魅力,性感、个性、大胆和暴露得到张扬,除了造型突出女性柔美线条外,面料运用也是非常的华贵,白领女性在办公室穿着制作精良的男性套装,而在这充满自信的宽肩外衣下则是煽情和女性气息极强的内衣,展现了她们既柔美又自信的一面。随着时间的推移,服装的更深层次内涵不断地被挖掘,内衣的理念也在逐步提升。

整个20世纪一直有人穿紧身内衣,甚至有些女装设计师,如诺曼·哈特奈尔(Norman Hartnell)、克里斯汀·拉夸(Christian Lacroix)又恢复到中世纪的设计形式,精心制作出可作为晚礼服的外穿式紧身胸衣。因此到了80年代后期,由于内衣的流行,许多服装设计师设计出各具特点的内衣系列,这些新款内衣的出现,多数离不开20世纪纺织品和技术的迅速发展,同时也不能低估人造纤维的作用,他们影响着产品的成本、款式和舒适性。特别是90年代中后期,美国杜邦公司推出高品质超弹性纤维——"莱卡",使内衣既舒适又毫无束缚感,女性在塑造形体的同时又能享受健康内衣的呵护。90年代末期,各类服装的设计师越来越受到内衣风格的影响(图3-2～图3-5)。

图3-2 20世纪50年代法国内衣广告宣告X身形的回归

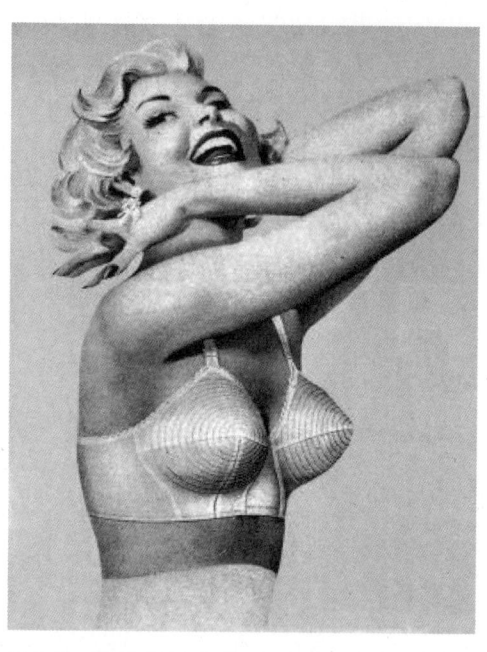

图3-3 20世纪50年代导弹式胸衣成为二战结束时期的潮流内衣

图3-4 20世纪80年代维维安·维斯特伍德推崇的内衣外穿理念由麦当娜发扬光大

图3-5 20世纪90年代魔术胸衣在纽约初次登场

（二）中国内衣发展简史

我国内衣与西方内衣发展的差异，其根本原因是不同民族的价值观念不同，西方人崇尚自由、自然，善于表达自我，而东方人更加含蓄、内敛。中国古代内衣和现代内衣有着天壤之别，无论在名称、结构、性能上都有差异，古代内衣较早的称谓是"亵衣"，"亵"意为"轻簿、不庄重"，可见古人对内衣的心态，但我们从为数不多的一些历史记载中可以看到这几千年里，伴随着中国古代服装的演变，内衣也在相对独立、封闭的环境下不断的完善。

中国内衣的历史源远流长，早在上古时期，就已织成最早的麻布，但那时内衣却与外衣无甚区别，只是原始的遮体、保暖之用。随着丝织技术的传播，内衣日渐区别于外衣的功能。

汉代的内衣是"心衣"，其基础是"抱腹"，"抱腹"上端不用细带子而用"钩肩"及"裆"就成为"心衣"，两者的共同点是背部袒露无后片。平织绢是汉朝常用的内衣面料，上面多用各色丝线绣出花纹图案（称彩绣），图案多以爱情为主题，当时很少用素色面料来制作内衣。

隋唐时期是我国封建社会发展的高峰期，政治、经济的长期稳固发展及与异族文化的相互交往，不仅带来文化的繁荣昌盛，而且使唐朝的文化、服饰具有开放、袒露的特性。例如唐代以前的内衣肩部都缀有带子，到了唐代，出现了一种无带的内衣，称为"诃子"。这也是其外衣的形制特点所决定的：唐代的女子喜穿"半露胸式裙装"，她们将裙子高束在胸际然后在胸下部系一阔带，两肩、颈、上胸及后背袒露，外披透明罗纱，内衣若隐若现，因而内衣面料考究，色彩缤纷，与今天所倡导的"内衣外穿"颇为相似。为配合这样的穿着习惯，内衣需为无带的。"诃子"常用的面料为"织成"，挺括略有弹性，手感厚实。穿时在胸下扎束两根带子即可，"织成"保证"诃子"使胸上部分达到挺立的效果。

宋代的女性贴身内衣为"抹胸"，穿着后"上可覆乳下可遮肚"，整个胸腹全被掩住，因而又称"抹肚"，用纽扣或带子系结。平常人家多用棉制品，俗称土布，贵族人家用丝质品并绣以花卉或各种吉祥的图案，单的夹的，形式不一。

元代的内衣被称为"合欢襟"，穿时由后及前，在胸前用一排扣子系合，或用绳带等系束。合欢襟的面料用织锦的居多，图案为四方连续。明代的内衣为"主腰"，外形与背心相似。开襟，两襟各缀有三条襟带，肩部有裆，裆上有带，腰侧还有系带将所有襟带系紧后形成明显的收腰。可见明代女子已深谙凸现身材之道。

清代"抹胸"又称"肚兜"，一般做成菱形。上有带，穿时套在颈间，腰部另有两条带子束在背后，下面呈倒三角形，遮过肚脐，达到小腹。材质以棉、丝绸居多。系束用的带子并不局限于绳，富贵之家多用金链，中等之家多用银链、铜链，小家碧玉则用红色丝绢。"肚兜"上有各类精美的刺绣。红色为"肚兜"常见的颜色。直至清朝末期随着洋纱洋布进入中国，西方的胸衣才真正演绎在中国女子的身型之上。

20世纪二三十年代开始流行穿"小马甲"，形制窄小，通常用对襟，襟上也施数粒扣，穿时将胸腰裹紧。"小马甲"进一步发展并吸收了西方的某些特点便成了现在的胸罩，面料以棉、丝为主。80年代起，随着改革开放政策的不断深入，我国的内衣业逐步繁荣，国际知名的内衣品牌纷纷登陆我国，如日本的"华歌尔"（Wacoal）、德国的"黛安芬"（Triumph）、美国的"卡尔文·克莱恩"（Calvin Klein）等。我国的内衣品牌也陆续出现，如古今、三枪、曼妮芬、奇丽尔等。而21世纪的女性内衣则除了外型设计美观外更是向调整性、舒适性、保健性、智能性、健美性、绿色性和艺术性发展。

三、国内内衣发展现状

根据弗若斯特沙利文报告显示，2009年至2013年，中国内衣市场销售收入总额由人民币1 137亿元增长至1 944亿元，相当于同期复合年增长率14.4%。报告预计，随着中国居民人均可支配收入的提高，未来五年，中国内衣市场销售额将保持两位数的复合年增长率，到2018年，市场份额预计将达4 500亿元左右。大众市场是中国内衣行业的最大市场细分部类，相较于低端或者高端拥有更高的增长潜力。

我国内衣市场上的格局主要是：国际大牌不断涌入，成熟的运营模式及品牌理念深入人心，款式新颖、产品针对性强，主要占领高端市场，拥有一大批较为忠诚的消费者；国内初具规模的品牌成长迅速，又有一定知名度和忠诚消费者，主要占据中高端市场；中小品牌数量较多，从品牌文化、产品设计、市场营销均无新意，同质化现象严重，款式易抄袭跟风，价格低廉，主要占领低端市场。国内内衣发展现状从生产、设计两个方面总结如下。

（一）生产方面

目前我国拥有内衣企业3 000余家及内衣专营店数百家。内衣生产比较注目的有以生产文胸为主的"中国内衣第一镇"大沥盐步和以生产家居服为主的"中国内衣名镇"中山小榄。经过20多年的发展，我国内衣企业正在从单纯的来料加工向经营自主品牌发展。生产装备从手工操作、半机械化逐步向机械化、自动化及电子信息化方向转变。内衣企业正在开始步入成熟期。

产品的创新、技术提高将能够帮助国内企业走出同质化竞争的格局。文胸从单纯的保护、支撑作用到塑型、透气、时尚；保暖内衣从单纯的御寒到时尚、塑身、轻薄美观，在这个转变过程中，科技的发展起到了决定性的作用。节能、低碳、环保将是未来内衣行业发展的趋势。

（二）设计方面

英美等国内衣和外衣特别讲究配套，如果外衣是休闲的，那么从鞋帽、包袋到配饰甚至发型，都会跟上，凸显一种整体休闲的感觉，内衣虽然看不到，但女性会自觉地做到配套。国外内衣设计品类繁多，设计师可以充分发挥自己的创造力，极力挖掘女性的美，这在一定程度上也是东西方文化、性格的差异所致。内衣设计是一个很专业的行当，而国内很少有院校开设专门的内衣设计专业。

国外名设计师地位很高，非常有声望，他们甚至可以带动社会某一阶段的时尚潮流。名设计师和商业紧密配合，服装公司必须每年出新品，就得依靠设计师的创造，跟着名设计师走，充分阐释设计的内涵。20世纪90年代，美国、欧洲涌现出许多优秀的内衣设计师。如安德烈斯·萨达（Andres Sarda）有着面料工程师的背景，设计的内衣线条简洁，其同名内衣品牌现已成为世界知名品牌。我国内衣的发展，不能光靠内衣制造商、销售商的努力，需要设计人才的培养以及社会各方的共同关注。

第二节　内衣材料特征及分类

虽然内衣Lingerie一词源于法文（原意为亚麻布），但现在已演化成描述优雅而富于魅力的内衣制品。这些内衣不仅限于亚麻布制品,更多的是蕾丝、丝绸、雪纺绸和人造纤维制品。内衣的材料品种繁多,性能迥异,按其用途可以划分为面料和辅料两大部分。一般情况下,一件胸罩需主面料、花边(蕾丝)、网眼和有光拉架布、无纺布、全棉针织布或细布、肩带、松紧带、钢丝、背钩、调整环、斜条(绸带、捆条)、装饰花、缝线等十三种以上的材料。

一、内衣面料选择

(一) 内衣面料的特点

内衣面料按其制造方式不同可以划分为针织面料和梭织面料两大类。由于内衣的贴体性这一独特的性能使得内衣材料绝大部分都采用了针织面料,与梭织面料相比针织面料手感好、弹性佳、透气性好、吸湿性强、穿着舒适轻便,所以针织面料成为内衣的首选面料。当然在内衣面料中也可以采用梭织面料,或者将梭织面料和针织面料相结合,这里重点阐述针织面料的结构性能特征。

1. 透气性

针织面料由线圈相互套结而成,空隙量大,其透气性、吸湿性和保暖性较好。

2. 拉伸性

针织面料由线圈按一定方向连接而成,因而拉伸性较强。不仅能适应人体曲线的起伏,而且不妨碍身体运动的伸展量。

3. 工艺回缩性

针织面料在缝制时会产生不同程度的收缩,因而在制作纸样时要充分考虑其收缩量的大小。

(二) 内衣面料的分类

内衣面料按其原料的不同可以划分为棉麻织物类、化纤织物类、真丝织物类等三大类。

1. 棉麻类织物

棉麻类织物有较强的透气性和吸湿性,穿着舒适、自然。棉麻织物以其质朴、温和的手感,柔和、舒适的特点被用来制作室内内衣、睡衣、文胸和内裤。从美感来说,平织棉布的印花效果和针织棉布的染色效果,都有一种天然纯朴和青春气息,为其他面料所难以取代(图3-6)。

2. 真丝类织物

真丝织物手感细腻柔软、悬垂性较好,其穿着舒适、飘逸,又具有棉布所没有的典雅华贵。它的透气性、吸湿性都很强,有天然滑爽感,是内衣中较为高档的面料,也是四季都适合穿着的内衣材料(图3-7)。

3. 化纤类织物

现代内衣中用的最多的还有化纤织物,与真丝织物、棉麻织物相比,涤纶、尼龙、氨纶类化纤原料各自具有不变形和伸缩性等特性,且价格相对便宜,因此也成为束身内衣的首选面料。另外化纤织物还具有易洗快干、耐穿、不皱的特点,但是化纤织物的吸湿性和穿着的舒适性相对较差。

4. 新颖织物

这类新颖织物是随着科技的发展而产生的,如莱卡(Lycra)、莫代尔(Modal)、天丝(Tencel)、特达(Tactel)等,其结构紧密,光滑如绸,手感柔软,且具有弹性,色泽高雅,挺括舒适,不缩水不退色。高科技的弹性面料,极度光滑,这些也都成为今天设计师们的首选面料。其中莱卡以其细密薄滑的质感和极好的弹性,把"第二皮肤"演绎得淋漓尽致,风靡业界。莱卡面料的文胸、内裤、泳衣乃至袜子,其贴身的体感和抢眼的视觉感受,都令人赞不绝口。再配以各式各样漂亮的蕾丝,内衣具有了无与伦比的美感。

图 3-6　棉麻织物制作的内衣、家居服,具有良好的透气性和吸湿性

图 3-7　真丝睡衣手感细腻爽滑、典雅奢华

二、内衣辅料选择

内衣虽然体积小巧,但"麻雀虽小,五脏俱全",须做工精致,并且其使用辅料较其他服饰来说更加繁杂。内衣辅料主要包括里料、衬料、垫料、花边、钩扣、标牌、拉链、绳带等。一件普通的内衣最终完成则需要用到十几种材料,大致可以分为四类:布类、花边类、橡筋类和配件类,每种材料在文胸的结构中的使用部位、使用比例各不相同,在内衣功能的实现中起着不同的作用,具体如下。

(一) 钢圈

钢圈用于文胸和束衣前片、乳房的下托,属于内衣的辅料。钢圈有各种规格,适合不同尺寸和体型的需要。软的钢圈较窄,适合胸部较小的女性;硬质钢圈较厚,适合于胸部较丰满的女性。钢圈在缝制时要用双层布料包封,并在两头打结。不同的内衣所用的钢圈各有差异,如心位的高低、侧位的宽窄等,都决定了钢圈的形态和规格。

(二) 捆条

捆条是用40针或20针软纱衬在杯罩的棉衬下,用三针机拼接缝纫的辅料。

(三) 橡筋

橡筋是1~12 cm的窄花边,有较强的弹性。通常用在文胸的上捆和下捆边,及束裤的腰部,具有包边的作用,也具有一定的支撑性。

(四) 边纶

边纶是缝制在钢圈、胶骨和鱼骨底部的衬布。由于紧贴人体,因此不仅需要柔软适体,还要具有牢固耐磨的特性,以防钢圈、胶骨穿出戳伤人体。

(五) 定型纱

定型纱也属于辅料,成尼龙网状,薄而透明,但没有弹性,用于需要固定的部位,如文胸的前片、束裤的腹部和两侧、紧身衣的两侧及前后腰部。使用时,将其衬在面料的下面,防止面料伸缩变形。

(六) 鱼骨

鱼骨是小金属钢圈套穿制成,宽度不到0.8 cm,长度从10~25 cm不等。鱼骨的韧性较强,比胶骨柔软,适合在长身束衣和腰封上使用。特别是连身的文胸在破缝和侧缝上都使用鱼骨,便于支撑衣服的下缘,使其无法翻卷上来。

(七) 胶骨

胶骨是一种细窄条的塑胶制品,分半透明和不透明两种。胶骨的宽度不超过0.6 cm,长度从3~12 cm不等。它有一定的韧性和强度,用于文胸和束衣的侧缝,目的是支撑、收缩和保持身体曲线优美。

(八) 肩带

肩带通常由专业织带厂根据内衣色彩制成,缝制时只需裁剪出所需长度,缝合即可。肩带设计上也可以有丰富的变化,如透明肩带、双肩带、挂带等。

(九) 肩带扣

肩带扣是肩带和内衣连接的部件。有两种类型:一种可拆卸肩带,一头是活口,肩带可以拆下;另一种固定肩带,其间带扣形如"8"或"O"字形,无法脱卸。

(十) 扣件

内衣的扣件通常用在后中心位置。文胸的扣件有单扣、双扣及多扣之分。连体文胸的扣件最长,从胸围线直到下摆。内衣的扣件通常有三排,相间1.2 cm,可用三排挂扣来调节内衣的松紧。

(十一)花牌

花牌是内衣上唯一的纯装饰物,细小精致,用0.3~0.5 cm的缎带制成各种形状的小蝴蝶结,饰在前胸心位上沿,花牌下通常钉缀内衣商标。

根据设计,内衣的组料相对外衣来说,是一个比较复杂的过程,虽然目前国内的面辅料贸易公司如雨后春笋,但符合高品质的生产厂为数不多。因此,组料渠道涉及国内外许多国家和地区。因大部分材料供应商都有最低起订量,组料在试销时尤为困难。订量过低,就要提高价格,增加成本,所以在设计时也要十分注意组料方面的细节问题。

第三节 内衣的分类

内衣的分类方法很多:按照年龄可分为婴幼儿内衣、青少年内衣、成年内衣、中老年内衣等,按性别可分为男性内衣和女性内衣两大类,按照使用的材料可分为针织内衣、真丝内衣、棉涤内衣、化学纤维内衣等,按功能可分为保健用内衣、塑形内衣、家居内衣、情趣内衣等。现代内衣作为一个独立的门类,其款式繁多且用途广泛,按照目前内衣市场情况基本可分为女性内衣与家居内衣。女性内衣主要由塑形内衣与装饰类的普通内衣构成;家居内衣主要为棉针织内衣,包括男女内衣裤、家居服等。虽然在现实生活中还有一些特殊用途的内衣,例如哺乳胸罩和医疗保护紧身衣等,但因其过于讲究实用性或功能性,故一般不列入此富于性感和时尚特点的现代定义"Lingerie"一词的范畴内。本章节从以下几种内衣来阐述关于内衣设计的主题。

一、塑形内衣分类

塑形内衣也叫矫形内衣、基础内衣。塑形内衣主要利用材料和纸样结构设计来抬高、支撑和收缩身体,使体型更加完美。如矫形文胸矫正胸部造型,骨衣收紧腹部凸起。某些塑形内衣还有辅助其他服饰造型的功能,如吊带袜等。塑形内衣主要包括文胸、骨衣、束裤、腰封、束衣。在塑形内衣中,根据支持力度、调整力度可分为"强压、中压、轻压"型的不同类型以针对体型的不同调整需要。

(一)文胸

文胸是塑形内衣之一,也称其为胸罩、乳罩等,能保护女性胸部,维持理想的形态、位置和高度。特别是对于胸距较大者,就可以通过特定的文胸来弥补这一不足,得到改善,看起来丰满和有形,同时防止双乳外开、下垂,呈现优美动人的乳沟,衬托女性胸部曲线;对于生育后的女性可以通过特定的文胸使下垂的胸部集中、收拢。从外形设计来区别,可以划分如下。

1. 无肩带文胸

大多以钢圈来支撑胸部,便于搭配露肩及宽领性感的服饰(图3-8)。

图 3-8　无肩带无痕文胸可以搭配露肩礼服穿着

2. 无缝文胸

无缝文胸亦称为模杯围文胸,即罩杯表面是无缝处理,缝入厚的棉垫,胸下围也是无缝处理,适合搭配紧身衣或轻薄服饰(图 3-9)。

图 3-9　舒适穿着体验的无缝文胸

3. 长束型文胸

长束型文胸是标准胸罩的一种,罩杯下端较长,能把腹部背部之赘肉及多余的脂肪往胸部集中(图3-10)。

4. 休闲型文胸

休闲型文胸一般都是用来搭配服饰或平日居家休闲而穿着的(图3-11)。

图3-10　有一定塑身作用的长束型文胸

图3-11　丝绒面料制成的休闲型文胸

5. 魔术文胸

魔术文胸是在罩杯内侧装入各类侧垫,藉以提升并托高胸部,可表现胸形及深邃的乳沟,有侧垫可以取出的和不可以取出的,材料有棉或特殊的柔珠式液体等(图3-12)。

6. 前扣式文胸

前扣式文胸的钩扣安装于胸罩的前方,一般便于穿着,也具有集中的效果(图3-13)。

图3-12　内部可添加胸垫的魔术文胸

图3-13　便于穿着的前扣式文胸

7. 无肩带长型文胸

无肩带长型文胸可以调整腹部、腰部之赘肉,表现曲线,现多用来搭配性感服饰,比如晚礼服等(图3-14)。

图3-14　可搭配婚纱礼服穿着的无肩带长型文胸

一般大部分情况下一件文胸由肩带、罩杯、后拉片、鸡心等四大部分组成,每一部分都有自己独特的性能。

肩带

肩带是连接文胸罩杯和侧壁的部分。通常有垂直状、外斜状、内斜状三种形态,和双肩、单肩肩带之分。从内衣的功能上来讲,内斜的肩带具有提起乳房外侧的功能,使乳房向中间收拢;外斜肩带有提起乳房中间的作用,防止乳房下垂。

针对不同功能的罩杯要选择不同种类的肩带。国内内衣的肩带设计,普遍采用的是吊带式,并在此基础上加饰花边或选用不同的材料,可调节长短,可随意装卸。事实上,肩带的作用不可忽视,一件好的文胸,除了合体、舒适的罩杯和美丽轻盈的装饰之外,固定与造型功能,主要是通过好的肩带来担当,而且在现代这个内衣外穿和肩带裸露在吊带裙外面的时代,肩带在保持实用功能外将变得更加的时尚。

罩杯

罩杯是用来包容乳房,是塑造女性胸部造型最直接的部分,直接作用于女性胸部,塑造女性胸部曲线。罩杯是文胸的主体部分,按罩杯的不同特点我们可以将文胸分为多种类型。

按材料可以划分为:模杯文胸(模杯围)、加棉文胸(棉围)、单层文胸(软围)。

按结构可以划分为:单褶一片文胸、上下两片文胸、左右两片文胸、"T"字破骨三片文胸及其他的一些多片文胸,破缝越细,就越能吻合胸部的立体形态。

按造型可以分为:水平型文胸、斜型文胸,它们是以钢圈两端点的落差为依据。

按面积可划分为:全杯文胸,其可以将全部的乳房包容于罩杯内,具有支撑与提升集中的效果,是最具功能形的罩杯,适合乳房丰满及肉质柔软的人。3/4 杯文胸,是集中效果最好的款式,如果想让乳沟明显地显现出来,那么要选择3/4 罩杯来凸显乳房的曲线,任何体形皆适合。1/2

杯文胸，利于搭配服装，此种胸罩通常可将肩带取下，成为无肩带内衣，适合露肩的衣服，机能性虽较弱，但提升的效果颇不错，胸部娇小者穿着后会显得较丰满。

按钢圈的外在表现形态可以划分为：钢圈文胸、隐形钢圈文胸和无钢圈文胸。

后拉片

后拉片是文胸的后片也称为侧比、翅子，是文胸固定在身体上的部分，主要是用拉架弹力布来制作，按其后中心的造型可以分为直比等；按宽度可以分为有下扒和无下扒。

鸡心

鸡心又称心位，是文胸中间的部分，用来连接左右两个罩杯的小梯形，并起到固定罩杯的作用。鸡心一般加定型纱来做定型处理，以更好地加固罩杯的位置。鸡心按形态可以划分为：高鸡心、普通鸡心、低鸡心、连鸡心、有下扒鸡心、无下扒鸡心等几大类，心位的高低位置很重要，决定着文胸的稳固性和贴体性。

（二）骨衣

由于骨衣的材料是利用胶骨来达到定型束身的功能，因此被称之为骨衣。骨衣又被称为连身文胸和半身文胸，具有很强的塑型功能。它在具有文胸塑造胸部造型功能的基础上，同时兼有收束腰部、腹部，调整胸腰曲线的功能（图3-15）。

骨衣的款式根据其结构的不同、面料的差异而种类繁多。

（1）按腰位的高低可以划分为：高腰、中腰、低腰三大类。

（2）按肩带可以划分为：肩带骨衣、无肩带骨衣等。其具体分类可参照前文胸肩带的分类。

（3）按杯形可以划分为：平杯、斜杯等各种类型。其具体分类可参照前文胸罩杯的分类。

与文胸相比，骨衣的肩带、罩杯与文胸是相似的。不同的是为了塑造胸腰曲线加宽了文胸的下巴、前中、侧缝和后中，在衣深结构线上加入胶骨来做支撑，以达到矫正体形的目的。骨衣的前片一般加定型纱来固定罩杯，收紧束平腰部后片则以弹力拉架片使骨衣紧贴身体。

图3-15　具有很强塑型功能的无肩带塑身内衣

（三）束裤

束裤不同于普通的针织内裤，它有用来收紧腹部多余脂肪，提高臀部，收紧腰部以达到修饰下半身曲线的功能，与骨衣相对应，束裤具有重塑腰、腹、臀部曲线的功能，其面料弹性的大小和分割线的位置是决定其功能性的基础（图3-16）。

（1）束裤按照腰线的位置可分为：高腰型、低腰型和中腰型。其中高腰型又可以分为高腰短束裤（是一种深至股下4~6cm的典型束裤，对大腿、臀部、腹部提升有较佳效果的款式）和高腰长束裤（这是一种普遍在腹部有菱型设计，有收缩胃部与小腹的效果）。

（2）按其外形可分为：平脚型、三角型、长腿型等。

（3）按压力和弹性可分为：轻型束裤、加强型束裤、适中型束裤。

（4）按其外形长短可分为：短束裤（较为常见，类似于中腰型内裤，但因为裁剪不同，具有少许束缚力）、长型束裤（是一种深至股下 17～24 cm 的长型束裤，对大腿、臀部、腹部提升有较整体的调整功能，对于臀部有下垂现象者有最佳的效果）。

（5）当然，还有很常见的无缝束裤，此款束裤较适合搭配麻纱薄类的衣服及紧身款的服饰。

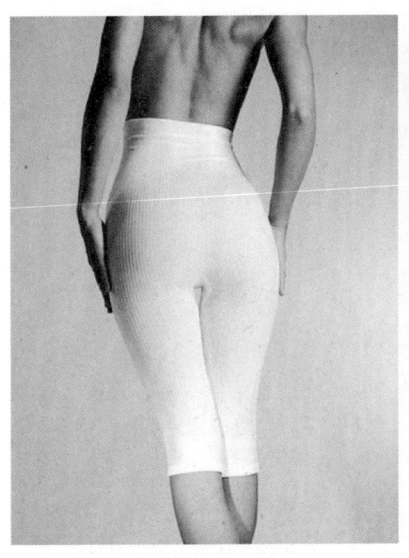 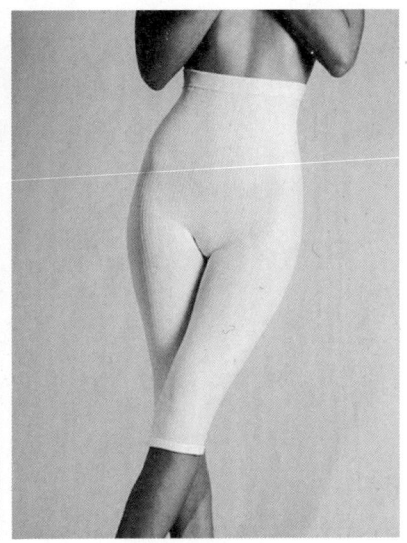

图 3-16　含有瘦身元素微囊剂的束身裤

（四）腰封

主要是针对那些由于生育而使腰部松弛或变粗而需要局部围裹的内衣，也叫腰夹，其作用是可以收紧腰腹部从而有效地营造出优美的腰身曲线（图 3-17）。

（五）束衣

束衣即是集中了文胸、腰封、束裤的一种一次性完成托胸、收腰和提臀作用的功效型内衣。

标准型束衣是连束腰和束裤的功能都具有的机能性内衣，选择时要注意到不要挤压到胸部或臀部之曲线，建议由专家指导穿着。束衣的上部是文胸，罩杯和类型可以参看前面我们提到的文胸设计；束衣的中部是腰封，在腰身部分采用菱型裁剪或双层面料使腹部的菱型有压缩的功能，上半身贴身设计，更强调腹部脂肪移动效果；下部是束裤，利用束裤收腹提臀。连体束衣将三种内衣合而为一，从整体上全面调整女性的身体曲线。

图 3-17　紧实腰腹部打造腰身曲线的塑型腰封

束衣按压力和弹性可分为：轻型束衣、重型束衣两种。一般轻型束衣由于其多采用花边或用略有弹性的单层针织面料制成,所以调整体型的能力较差些,适合体型较好的年轻女子穿着,因此花边的运用和装饰部位是其设计的重点(图3-18、图3-19)。

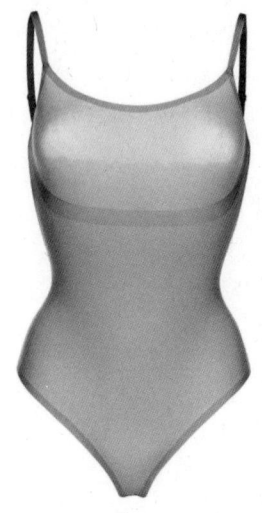

图3-18　轻型束衣在内衣精致性和实用的简洁主义之间完成平衡

图3-19　丁字裤紧身胸衣缓和内裤线的暴露感

二、贴身内裤分类

内裤的分类,从外型设计上来分可以得到以下几种形式。

(一)低腰型

高度低于肚脐8 cm以下,称为低腰。一般较为性感的内裤多为此款式。此款设计一般都是配合时令与服饰的(图3-20)。

(二)中腰型

高度在肚脐以下8 cm内,一般称为中腰,是一般最常见到的规格与样式,穿着特性与高腰类似(图3-21)。

(三)高腰型

高度在肚脐或以上者,称为高腰。高腰的设计较为舒适,兼有保暖效果,对臀型的维护也较好(图3-22)。

(四)比基尼型

比基尼型的设计一般是为了避免有束缚的感觉,但易导致臀部下垂(图3-23)。

(五)丁字型

通常此类型的内裤是视场合而穿着的,比如穿比较贴身的紧身长裤时搭配,可以避免内裤

图3-20　蕾丝材质浪漫性感的低腰型内裤

的线条破坏了臀形的表现,但也易导致臀部下垂(图3-24)。

图3-21 穿着舒适的中腰型内裤

图3-22 具有收腹提臀功能的高腰型内裤

图3-23 黑色十字带比基尼下装

图3-24 隐藏内裤线条的丁字型内裤

当然还有性感型内裤,此种内裤款式众多,虽谈不上保护臀部和塑形之功能,但也有需要穿着的场合。

三、家居内衣分类

（一）家居服

　　家居服是室内内衣的一种，睡衣专指在睡眠时穿着的服饰，一般情况下睡衣中非睡眠时穿着的内衣我们统称为家居服，具有保暖、吸汗功能，在面料选择上主要考虑穿着的舒适性和吸湿性，多选用纯天然纤维，造型宽松适体，主要以宽松大方、舒适休闲的款式为主，色彩柔和，在室内脱去严谨的套装，穿上家居服立刻可以感到家庭生活的舒适和温馨。随着人们生活品质的提高，对家居服饰从款式和功能上都提出了较高的要求（图3-25、图3-26）。

图3-25　舒适与性感兼顾的家居服套装

　　夏季家居服的设计要求凉爽，面料以纯棉织物和真丝织物、泡泡纱等轻薄、透气的面料为主。冬季家居服多选用厚实、保暖的圆机针织布、纯棉斜纹布、丝绒、以及铺面绗缝面料等。款式以宽松随意的直身衬衫衬裤式样、连衣裙式样、以及活动方便的套头装式样等为主。图案以条格、圆点、碎花、卡通等居多，体现家庭的温馨感。夏季和春秋色彩以淡色、粉色为主，冬季色彩偏暖色调，体现家庭的温暖感。

（二）睡衣

　　睡衣专指在睡眠时穿着的服饰，如果从睡衣的款式来划分的话，睡衣基本上可以分成三种：即吊带式、分体式和连身式睡袍。吊带式睡裙多用于夏季。由于夏季炎热，汗水常常将人们的内衣打湿，所以，既要解决汗湿的问题，又要考虑美观，于是，吊带式睡衣登场亮相了。吊带式睡衣的质地主要有真丝、绢丝、棉麻混纺及纯棉几种，由这些材质制成的睡衣，既吸汗又不贴身。分体式套装睡衣的最大优点是穿着舒适行动方便。居家的女性大多数都愿意

图3-26　冬季保暖型家居服

选择这种款式的睡衣。分体式睡衣的款式主要体现在上衣领型的变化上,小西服领式是最常见的一种领型,宽松的设计,两个大贴兜充分体现出了实用价值。连身式睡袍在睡衣的家族里算是较早出现的,它的出现,不仅将人们的衣饰从此做出了工作与居家之划分,而且也暗含人们生活的品味。睡袍的款式几乎是没有多大的变化,一根腰带横腰拦截,将睡袍与肌肤拥抱在一起,让肌肤彻底地感受睡袍柔软里衬的抚摸。由此看来,无论是单的还是棉的睡袍,只要赋予它使命,它便可以绽放出意想不到的异彩,将人们衬托得更加奇丽(图3-27、图3-28)。

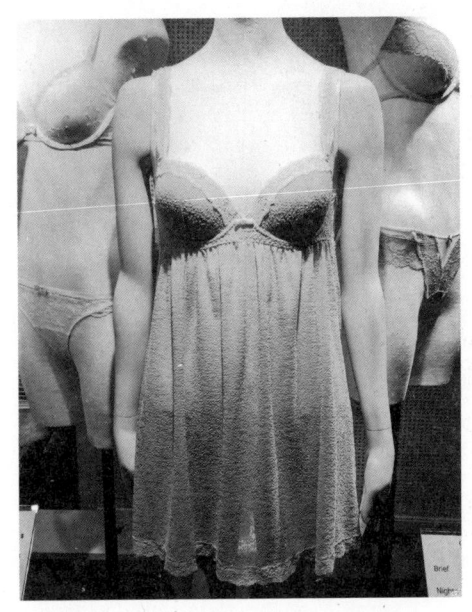
图3-27　蕾丝装饰的连文胸式衬裙

图3-28　宽松舒适的棉制男士睡衣套装

四、运动内衣分类

运动内衣是内衣中比较专业的门类,主要品种有泳衣和健身衣等(因为这两种服装的设计制作都接近了内衣)。考虑到运动时一般会出汗,所以运动内衣选用的面料要求吸汗、透气、除湿、除臭。为了方便运动,运动内衣一般弹性好,便于肢体屈伸自如。主要包括以下几种。

(一) 泳装

泳装是人们游泳时穿着的服装,主要分为连体单件泳装、分体两件式泳装和三点式泳装(比基尼)。

连体单件泳装是比较常见和传统的泳装,一般情况下其胸部和腰部是设计的重点,因为连体单件泳装上身以背心或吊带式为主,胸部有衬里和薄型海绵杯罩,使女性在贴身穿着泳衣游泳时同样保持优美的线条。分体两件式泳装的上半部是露腰小背心,下半部是短裤式样。由于穿着这种款式会裸露腰部,所以较适合体态苗条的时髦女性,小背心的长短也控制着款式的性感度。

泳装的色彩以浓烈鲜艳的热带色彩为主,多为采集于热带雨林和海洋生物的色彩。图案包括自然界的植物、动物,几何的条纹、格子、圆点,民族的扎染等,丰富多彩(图3-29、图3-30)。

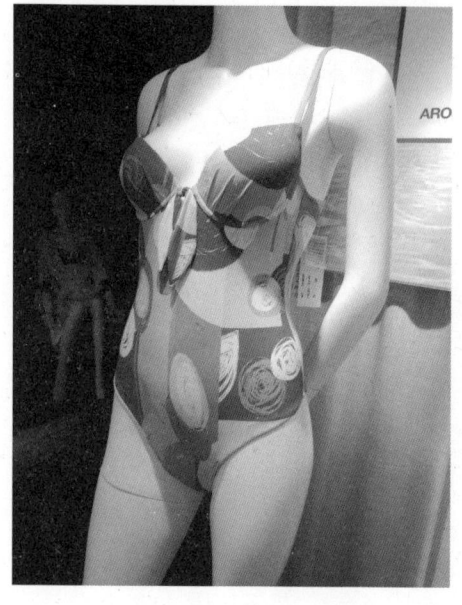

图3-29　几何纹样的连体单件泳装

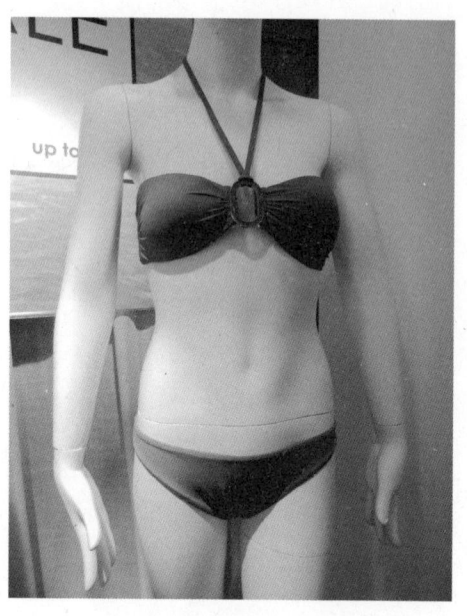

图3-30　性感时尚的三点式比基尼

(二)健身衣

健身衣外形与泳装相似,主要也分为连体式和上下两件式。由于健身时主要以身体各部位的运动为主,身体和四肢活动的幅度相当大,并需要大量排汗,因此对款式的结构和面料的吸湿透气性有着较高的要求。多采用简洁、紧身的款式,坦肩或露背设计,显示出运动时肌体迸发出的张力和韵律,体现形体的美感。面料均为弹力面料,如尼龙、莱卡等,有些采用棉包芯和丝包芯等天然纤维和莱卡纤维混纺的产品,是目前较为流行的面料。有些设计在背部、腋下和大腿内侧采取网眼布或薄型面料拼接的处理方式;有些在腰腹部位使用弹力较强的面料,在方便运动的同时束紧身体多余的脂肪,显示优美的身体线条。健身衣采用的色彩通常较为跳跃、动感,和纯度较高的色彩相互搭配,黑、红、橙、绿、蓝、黄等是常被使用的色彩,在图案上使用流畅的线条和块面体现运动时的韵律和节奏。健身衣的制作要用针织专用机,如五线包缝机、单面绷缝机、双面绷缝机、三针人字机等,确保健身衣缝制后的弹性和品质。健身衣在裁剪时要考虑面料的回缩性,相应减少裁片的宽度,通过实验减幅通常在8%～10%之间。这样既能保证穿着时的紧身和贴体,又不束缚人体的活动(图3-31)。

图3-31　拼色紧身分体式健身衣

第四节　内衣设计风格

随着女性自我意识的增强、着装理念、社会消费心理的成熟，现代女性内衣的设计又有了更高更新的要求，要善于应用新材料、新工艺、新技术，把握内衣产品的流行趋势与消费者需求，同时需要准确定位内衣产品的设计风格，才能开发出让人满意的内衣产品。

这里大至将内衣的设计风格定为以下几种。

一、普通清纯型

这类内衣大多为少女穿着，表现青春洋溢、清新质朴的气质，它包括文胸、内裤及其他内衣（图3-32）。

（一）造型

内衣结构简单、线条流畅，外形自然、柔和，没有过多的装饰。

（二）色彩

柔和的粉色系与明快的糖果色系。

（三）图案

以圆点、细格、细条、花卉等精巧简洁的图案或可爱型的卡通图案为主。

（四）材料

多为手感柔软的纯棉针织面料或肌理平实、质朴的弹性材料。

二、浪漫唯美型

整体风格着重表现女性妩媚、动人、温柔的气质；表现男性热情洋溢、大方的气质。适合25岁及以上的年龄阶段（图3-33）。

图3-32　线条流畅、结构简洁、色彩明快的清纯型内衣

（一）造型

外形多样，着重展现S型曲线。

（二）色彩

粉红、粉蓝等粉色系与艳丽明快的纯色系。

（三）图案

以花卉、草本等植物图形以及带有曲线弧度的几何抽象图案为主。

（四）材料

面料多采用飘逸、柔软的材质，辅料多以蕾丝、花边等装饰。

三、实用功能型

这类内衣主要为想更加完善体型的人士所穿用。如矫形用的束衣、束裤、生理内裤及孕妇、产妇内衣等（图3-34）。

（一）造型

通过结构和裁剪的变化，能达到抬高、挤推和帮助女性调整身体曲线的功效。

（二）色彩

矫形内衣多以肉色、浅褐色、白色、黑色、灰色为主；孕妇、产妇内衣以温馨柔和的浅色、粉色为主。

（三）图案

矫形内衣一般不采用明显的图案；孕妇、产妇内衣以细条纹、格纹和小型花卉等简洁大方的图案为主。

（四）材料

矫形内衣一般采用各种回弹性很强，能起到拉紧和束平身体功效的材料；孕妇、产妇内衣多采用纯棉面料。

图3-33　花卉纹样蕾丝装饰浪漫唯美型内衣

图3-34　具有束身、矫形作用的实用功能型内衣

四、富丽华贵型

这类内衣主要为成熟女性所穿着，它在体现功能性外，外观的富丽华贵设计与功能设计的地位相当，主要通过款式造型、色彩颜色和材料方面来体现，特别值得一提的是大量刺绣和蕾丝的运用搭配爽滑的真丝、富贵的丝绒、透明的网纱来表现女性雍容成熟的一面（图3-35）。

（一）造型

线条优雅、造型细腻的 S 型。

（二）色彩

浓烈热情的深色系如酒红色、绛紫色，稳重成熟的孔雀蓝色、茶褐色、暖橙色、黑色。

（三）图案

细线条、密集的点阵纹以及带有曲线变化的抽象图案。

（四）材料

面料以富有光泽感滑爽的真丝、富贵的丝绒、透明的网纱为主，辅料使用大面积的花边、蕾丝织带等，辅以刺绣、烫钻等细节工艺处理。

五、个性张扬型

这类内衣主要为追求时尚又有自己独特的风格个性的新潮人士所穿用。它主要通过造型其次是色彩和材料的设计手法来实现。张扬而新潮、超凡脱俗、新奇趣味、宣扬自我的风格特征，这类内衣的装饰性大于实用性（图3-36）。

（一）造型

造型多变，多采用充满趣味性、夸张的造型。

（二）色彩

紧密结合流行色彩趋向，独特、大胆的色彩应用。

（三）图案

图案主题不限，各种大胆夸张、变异个性的图案元素。

（四）材料

在材料运用上更是不受限制，甚至可以运用皮革、毛线编织、金属等。

图3-35　刺绣与网纱相拼的富丽华贵型内衣

图3-36　造型夸张，色彩丰富，采用针织面料的个性张扬型内衣

第五节　内衣设计要素

随着人们物质生活水平提高和科技不断进步,内衣设计越来越受到关注。内衣观念的改变为内衣的设计提供了更广阔的空间,现在的内衣设计完全可以参考外衣设计的手法,遵循同样的美学原则。但内衣作为人类最贴体的服装,包裹复杂的人体,且几乎没有放松量,因此其设计与外衣设计相比有很大的特殊性,有必要加以区别和深入研究。

一、材料要素

内衣设计的具体材料已在上文阐述,这里主要进一步来说明内衣材料在设计中的运用注意点。

(一)材料的自然地域与气候

内衣贴体穿着,舒适功能是其重要功能,对人体适应不同的气候环境起着非常关键的作用,因此,内衣面料的选择与时间、地点密切相关。从季节气候来看,一年四季,我国从东到西,由南至北纵横几千公里,温度、湿度变化很大,不同地域对于保暖的要求都是不同的。例如我国的北方冬季气温可达零下几十度,室内外温差大,温度低且干燥,在这种环境下的人体对内衣的要求是,在室外要求保暖,在室内要求舒适,特别要求防静电,因此不宜采用化学纤维;而长江以北特别是黄河以北的区域、东三省和京津一带,冬季的内衣面料要选择纯棉,中厚性、抗静电、超柔软后整理的面料;而南方气候相反,特别是广东、福建沿海一带,在冬季穿着内衣时,要挑选质地轻薄的纯棉,以及吸湿性较好的中高档面料。

(二)材料的舒适度

内衣是与人体直接接触的服装,染整助剂在材料中残余的单体是造成皮肤刺激的主要原因,因此好的内衣选用的材料必须经过舒适性处理,以消除化学药品对人体的影响。任何一件内衣在设计时首先需要考虑材料的舒适性,内衣材料的舒适性是影响内衣品质的重要因素之一,舒适性主要考虑的是材料的湿热特性以及有无刺激等因素。一般来说,文胸的里布最好采用纯棉或纯棉与化纤混纺的织物,除里布外,文胸所用的其他材料多数为非天然材料,这些材料的使用要与面料的颜色、风格相配合,还必须注意不能对人体有刺激性。

二、人体与内衣结构要素

现实生活中,每个人的体型或许都有这样或那样的缺陷,人类爱美的天性促使有缺陷的人希望可以通过后天的努力矫正体型,而缺陷相对较少的人则希望体型可以一直保持完美,所有这些美好愿望都可以通过内衣结构设计得以实现。品质较好的内衣就是要针对各种不同的体型与标准体型的差异,在款式、结构及材料的使用上合理安排和统筹,通过罩杯作用于柔软的乳房以达到纠型和塑型的目的。

人体工学是一门将人体生理特征与人体所处的环境建立连接的一门科学,人体工学在服装上的应用就是要将人体形态特征和人体特征数据以及人体的生理活动与服装联系起来,以此作为决定服装款式和结构设计的依据,人体是服装的本原,也是它的终极目的。内衣由于它的特殊性,与人体工学的结合尤为紧密,与内衣有关的具体人体测量数据有上胸围、下胸围、乳高、乳间距、乳房根围、乳房根围间距等十几个数据,但这些数据中,并不是所有的都直接用于内衣的结构设计,这些数据之间存在着相互的联系,我们可以运用科学的方法将这些数据加以整理,找出其中的相互关系,这样就可以用其中少数几个数据就可以合理反映体型的变化规律了。

内衣的结构设计有两个主控部位:下胸围、胸围与下胸围差,前者即为内衣的号,后者为内衣的型,可以通过分析这两个控制部位与其他各成分之间的关系后,即可得到内衣的号型标准(表3-1)。

表3-1 国内常用的内衣型号

号	70	75	80	85	90	95	100
型	AA,A	A,B	A,B,C	A,B,C	A,B,C	A,B,C	A,B,C,D

内衣设计除了要考虑胸部形态外,还要考虑人体脂肪、肌肉的分布规律以及人体的呼吸、循环等生理活动因素。近几年关于由女性内衣引发的各种疾病的报道越来越多,例如胸闷、肌肉酸疼、头晕等,解决此问题的方法需从全新的角度来考虑人体工学与内衣设计的关系,例如内衣的结构设计与肌肉的分布规律和肌肉的运动规律有关,而且后者是内衣结构设计的重要参考。肌肉参与了乳房形态的构成,乳房的下半部分是柔软的海绵状乳腺组织,呈半球形状,在乳房的上半部分,乳腺与胸大肌相连,呈逐渐扩散的扇形,肌肉的发育情况直接影响到乳房的形态,从而要设计与其相对应的不同类型的罩杯;而肩带点的设计就是根据手臂上举时肌肉在肩部留下的沟纹位置来决定的,这样设计的肩带才不会轻易滑落。此外,内衣的紧身程度对人体的呼吸、内循环有很大影响。

三、内衣流行要素

在如今这个社会,内衣设计不仅仅只在于掌握以上内衣自身的设计知识,其另一个重要的要素就是要掌握当今内衣的流行特点,大致上来说,内衣的流行可分为以下几个重点。

(一)材质

表布的材质上,华丽的风格带动蕾丝与刺绣的大量使用,如 Beauty Expert,便以多款的刺绣蕾丝素材制成的弹性内衣体现出性感妩媚的女性美。而在新科技素材的研究开发方面,有更符合人体美学的材质亮相,不仅延展性佳,与肌肤触感柔细,更重要的是有排汗性佳及洗后快干的特点。

(二)肩带

在内衣外穿的带动下,"可换式肩带""隐痕系列"是最新潮流。如华歌尔推出的可换肩带新系列在肩带布面上做变化,采用与本布相同的提花、亮面绉纱的肩带,让内衣成为服装的一部分。而隐痕系列,主要是在搭配贴身外衣时,让你曲线毕露又不会出现钢圈和肩带外显的尴尬。至于线条的部分,以往的 V 字形线条已被更具衬托性的 U 形线条所取代,使胸形更为圆润饱满。

(三)色彩

夏天是万物勃发的季节,时装设计师开始让时装变得愈加绚丽夺目,而一向以肉色、粉色为主流的内衣世界,也不甘寂寞地打起了鲜活色彩的招牌。明亮可爱的柠檬黄和清爽摩登的天蓝刚刚在内衣上出现,就吸引了年轻女孩的注意,再加上含蓄温婉的紫色、活力四射的苹果绿、醒目的橙色,这些纯度很高的色彩开始大规模地占领几乎所有品牌的最新款,预计,这些在以往不敢触及的有点张狂而又可爱的色彩,将会掀起新一轮年轻摩登族的内衣购买潮。此外,除了传统的白、黑、蓝等基本色调外,新款内衣更大胆加入可衬肤色的深紫色,取代白色的莲藕色、奶茶色,以及鲜艳的桃红甚至是独具未来感的银灰色。

(四) 运动

受运动热潮的影响,无论是日装、晚装还是男装、女装都加入了运动的元素,当然,内衣也受到运动热潮影响,尤其是喜欢在家做运动的女孩,运动型内衣自然必不可少。运动型内衣可将身体的曲线造型和舒适性完美结合,可舒展的运动胸罩、适体的运动内裤、超迷你短裙、无领上衣等都是强调运动机能和气质的款式,它们的一致特点就是线条简单、素材朴素,色彩也多为纯色,充满现代感和活力。

(五) 图案

花卉图案一向是内衣的最佳装饰,不单是它始终给人以浪漫风情,更因为它可以变化多端跟随不同的设计,展现或清纯、或古典、或风情万种的感觉。在夏季,它更是大放光彩,"花样"翻新。与此相对,反装饰的素面文胸也毫不示弱,以采用各种高科技面料来获取意外效果。蕾丝内衣上的花卉图案与以往相比更加写实,花卉的枝叶分明,而且几种不同蕾丝花卉图案的拼接或重叠设计显得非常时髦。而素面文胸比的则是素材,闪光、亚光、不同纹理的高科技面料纷纷登场,然而,在时尚的笼罩下,素面文胸也不得不给罩杯缀上漂亮的花卉蕾丝。以思薇尔为例,近年推出的"喜颜异色"系列即承袭欧洲当今最流行的双色罩杯,顺罩杯上覆盖一层具有光泽感的珍珠落纱,使整体感觉更有层次感,并运用上下异色、同色不同调的搭配方式。总之,呈现流行时尚感是素面内衣的一大突破。

第六节 概念内衣新理念

随着科技的发展,人们在丰衣足食的同时越来越重视生活的质量,许多突破性的新型环保纤维的诞生,增加了内衣穿着的舒适性,各种具有特殊性能的服装材料应运而生,内衣设计越来越强调"概念性"。各种不同性能材料的产生使得内衣越来越具有丰富的内涵与独到的功能,追求人性化、科技与时尚的结合成为新型内衣的理念。

一、保健理念

内衣材料在保健方面在这几年有很大突破,常见的材料有:甲壳质材料、陶瓷纤维、芳香纤维和蓄热保湿纤维等。如甲壳质有抗癌、疗伤、抗菌、除臭、降血压与胆固醇、调节人体生理功能等特点,添加到内衣材料中可以具备抗菌、吸臭的功能。各种保健材料的生产为内衣设计开辟了更广阔的天地。

二、环保理念

高科技、功能性和环保型的纺织品将成为产品的主流。各种新型面料相继进入日常生活，神奇地修饰了传统织物的特性。如超细纤维，改进了织物吸湿、透气、柔软和悬垂性；纤维中加入了"纳米微粒"，可抗菌，保持内衣清爽等。人们对内衣高品质的追求，要求内衣面料中不断增加科技含量，往功能性、环保型方向性发展，这成为不可逆转的潮流。

三、塑体理念

内衣是最贴近人体的衣着，因此内衣修塑体型的功能越来越受到人们的重视。"丰胸纤腰、提臀、脂肪转移、重塑三围"已成为塑体内衣的新理念。例如有臀垫的内裤，可用来弥补臀部下垂者、臀部不够丰满者的体形；采用含有高比例莱卡拉架的重功能型束裤，收身功能强，长久穿不会变形；在夏天采用爽塑型超柔内衣，以Tactel高科技缝制，透明超柔网布配合蚕丝光泽高弹力料，轻柔透气。塑体内衣不仅能调整出优美曲线，而且穿着舒适，可长时间穿戴，适应身体的日常活动，能在活动中不走样，维持优美曲线，因此成为当代内衣设计的一大重要趋势。

■ 小资料

维多利亚的秘密（VICTORIA'S SECRET）

一、品牌简介

维多利亚的秘密（VICTORIA'S SECRET）于20世纪70年代初成立并在美国注册，1982年由美国一家大型上市公司Limited Brands（简称LTD）买入。维多利亚的秘密品牌倡导的"穿出你的线条，穿出你的魅力，带着轻松舒适的享受穿出那属于你的那一道秘密的风景"成为了时尚女性的追求。维多利亚的秘密的产品种类包括了女士内衣、睡衣及各种配套服装、豪华短裤、香水化妆品以及相关书籍等，是全球最著名的性感内衣品牌之一（图3-37～图3-39）。

图3-37　维多利亚的秘密（VICTORIA'S SECRET）品牌标识Logo

图 3-38　维多利亚的秘密在伦敦开设旗舰店，占地近四千平方米的内衣百货共四层

图 3-39　维多利亚的秘密纽约秀场（2012 年秋冬）

二、品牌创始人

罗伊·雷蒙德（Roy Raymond），1977 年罗伊·雷蒙德因为妻子在百货商店买内衣的经历使得他产生了自己开办内衣品牌的想法，他认为百货店里的产品要么太花哨装饰性太强，要么过于刻板保守，很难挑到满意的产品，同时他也相信很多女性也希望能在内衣的这两种特色中间找到一个平衡地带，于是在美国旧金山创建了一家女性精品内衣店，店名叫"维多利亚的秘密"。

三、品牌事件

[1977年]罗伊·雷蒙德在帕洛阿尔托的斯坦福购物中心开了第一家店。

[1982年]维多利亚的秘密品牌以四百万美元卖给了 Limited Brands 公司。Limited Brands 公司保持了维多利亚的秘密商店的个性化交易方式,并在20世纪80年代的美国迅速扩大了品牌销售的区域。同时公司扩大了品牌的售卖产品,比如鞋,晚礼服,以及香水。

[1995年]维多利亚的秘密开始举办一年一次的维多利亚的秘密时尚秀,在全美电视黄金时段播放。时尚秀每年都会邀请特别嘉宾表演,吸引了各色的名人,娱乐圈人士。

[2002年]维多利亚的秘密推出镶嵌宝石、价值1 000万美元的内衣。

[2007年] Limited Brands 将 The Limited 公司75%的生产链卖给了 Sun Capitol Partners 投资公司以稳固自己旗下的维多利亚的秘密和 Bath & Body Works 产业,得到了很好的效果。

[2014年]维多利亚的秘密内衣大秀从美国本土首次移师伦敦。首席运营官 Ed Razek 连同两位超模 Adriana Lima 和 Candice Swanepoel 在伦敦旗舰店发布此消息。

本章小结

本章将内衣种类进行细分,并从造型、色彩、图案和材料方面概括了不同内衣的设计风格,从材料、人体工学和结构力学等方面阐述了内衣设计的自身要素,从分析内衣流行的规律阐述了内衣设计的市场要素。现代内衣不仅是一件实用的,而且更多的又是具有特殊功效,调整、塑造体型从而让人增加自信的衣物。

思考与练习

1. 选择定位相似的两个内衣品牌(国外品牌和国内品牌各1个)进行调研分析,并进行总结,提出自己的观点。

2. 针对某一内衣品牌,为该品牌设计一系列符合其风格定位的产品,设计需要标注面辅料、细节及设计说明。

第四章 职业制服设计

　　职业制服设计是现代服装行业中重要的组成部分之一,它的独特性有别于其他服装大类的研究、开发、设计等方面的体系,有专门的展会、协会、研究机构等。在我国职业制服设计是比较薄弱的环节,大多数职业服装企业存在着同质化竞争现象,设计研发能力较低,在如航天服装、军用服装、救援类服装等职业制服特殊领域方面的设计和研发水平更低。行业迫切需要该领域专业人才,提高职业制服行业的整体水平。

第一节 概　　述

随着现代社会经济的不断发展,市场竞争也愈演愈烈,制服在经过很长一段受特定条件、观念意识等因素影响的时间后,慢慢走出简陋粗糙的历史,在各种条件得到相应改善和提高的今天,职业制服的审美性和实用性机能越来越受到重视。优秀的职业制服必须能够代表一种行业的职业特点和一个企业的精神风貌,并间接的让人感受到设计背后所传达的这种行业或企业的经营理念、文化内涵和经济实力等。

一、职业制服的定义

"职业"在《现代汉语词典》中解释为:"个人在社会中所从事的作为主要生活来源的工作。"所谓"制服"是指在一定历史时期和特定的环境内,按照一定的制度和规定穿用的一定型式的服装,英语称 uniform,根据其规制力的强弱可分为依照法律规定穿用的正式制服(Formal Uniform)和根据企事业集团单位的规章制度穿用的制服(Professional Uniform),前者如军服、警服,后者即一般的工作服(Work Uniform)、事务服、职业服(Career Apparel)等,人们通常所说的职业装,实际上大都是指职业制服(Professional Uniform)。

通常,职业制服是指人们在从事某种活动或作业过程中,为统一形象、提高效率以及安全防护的目的而穿着的特定制式的服装,亦称制服,制服多由主管部门统一定制和发放,而非穿着者自己随意购买,它是一种不考虑个人因素(如年龄、喜好等)的实用服装,是按照一定的制度和规定设计的团体性服装,是一种统一而又独有的群体性服装形态(图 4-1～图 4-3)。

图 4-1　Vivienne Westwood 为维珍航空设计的 2014 式新制服

图 4-2　国庆 60 周年阅兵式上的陆海空三军女兵制服

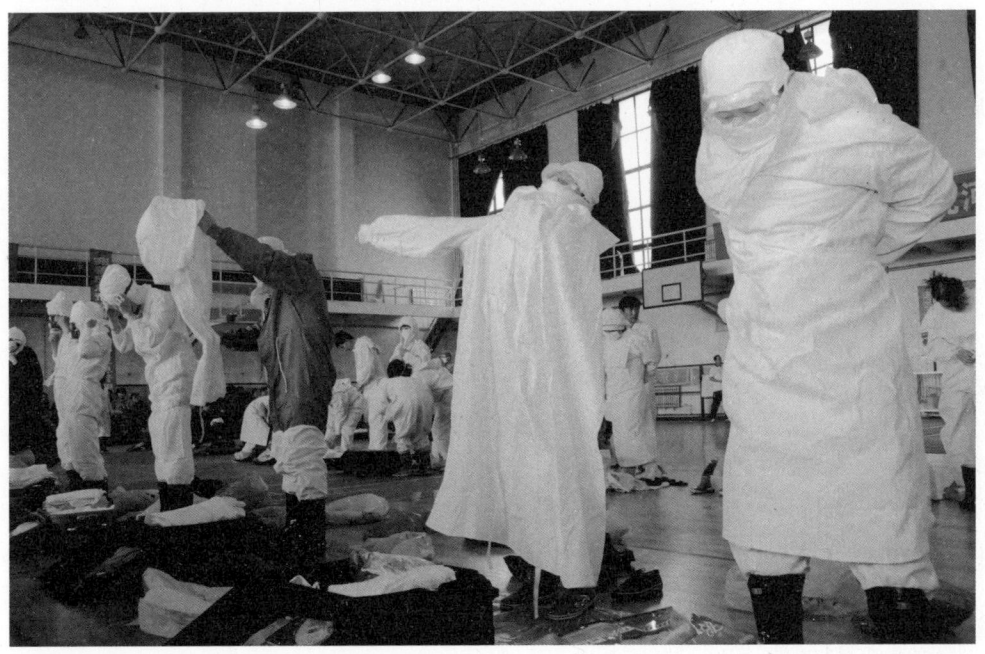

图 4-3　2003 年非典时期的医用隔离防护服

（一）职业装

职业装的概念涵盖范围很广，总体上是多元化信息的物化标志，具有特定的象征力量，是社会物质文化的一部分。根据职业特性的不同职业制服类可以分为两个大类：行业标识类职业装和功能性职业装。行业标识类职业装是区别于其他行业，体现自己特点而设计的统一着装，具有明显的功能体现和形象体现。它的符号化和象征意义十分强烈，同时还规范了人的行为，从而推动这一行业业务工作向有效、快速、通畅的方向发展。这一类职业装款式具有一定的系统性和稳定性，包括商业机构制服，行政执法系统制服，科教、文体、医疗系统制服，交通运输系统制服，军队制服等。功能性职业装是保护某些特殊职业的人身安全的服装，它强调满足保护、安全、卫生及医疗等职业的工作任务需求，多以人体工学、防护功能来进行外形、结构的设计，以科学技术为依托，以功能性的实现为首要目的来进行设计，如从服装材料的阻燃、防静电、耐压、防辐射等科技指标入手进行功能性职业装材料的研发。包括制造业、加工业系列工装，工程建筑系列工装，环卫绿化行业工装，医用隔离服，登山防寒服，机房防尘服等。所以职业装是个大概念，它是区别于生活、休闲用的服装。

（二）职业时装

职业时装主要是指从事办公室工作或其他白领行业工作时所穿用的普遍性衣装，又称办公服（Business Uniform）。职业时装不同于形制统一的职业制服，它既没有严格的规定，也没有固定的团体机构，并允许穿着者有适度的个人喜好及个性表露，得体的职业时装能使穿着者显得庄重、干练、充满创造力和敬业精神，这类服装的特点与职业制服相比更具有时装的趋势和风格，与纯粹的时装相比，又相对更注重其职业风格和要求。职业时装与职业制服中的"白领"制服类服装的内涵接近，界限趋于模糊，风格更加吻合，随着社会的发展，有时候其区别仅在于是个人消费还是单位购买、定制发放而已。

二、中国职业制服的历史和现状

（一）历史

1. 鸦片战争后—辛亥革命以前

中国在鸦片战争后紧闭的国门被打开，英帝国在"通商口岸"开办银行、铁路、矿山、海关、邮政等，他们把英国企业管理的一套规章引入中国，职业制服就是其中的一个内容。

而在这之前的帝王统治时期，职业制服可以说在我国已经有悠久的历史了，中国可谓是制服种类最多的国家，历代帝王的冕旒、九品顶戴及文武将相不同的服装、各级衙门里的衙役装等都应属于职业装范畴之内，其中冕服制度下五花八门的官服，就可以定为是最早制服的体现。在中国汉代，就有以服饰来标明职业的明确记载，《后汉书·舆服志》中写道："倘书帻收，方三寸，名曰纳言，示以忠正，显近职也。"这已直接说明了服饰与职业的关系。封建社会森严等级制度下的朝服、官服、公服都属于制服的范畴，但这些现在我们将之归为"职业制服"的服装是属于中国传统服饰中的一部分，而且在民国时期这些中式的传统职业制服并没有被沿袭下来，而是慢慢接受了由鸦片战争后引进的西方职业服。

2. 辛亥革命以后—新中国成立以前

辛亥革命后我国职业制服处在一个中西形制并行不悖的时期，这个时期的职业制服处于鱼龙混杂的局面。如20世纪初期由留日学生带入中国的学生装，它的款式与结构由于和西装极为相似,在深受学生喜爱的同时许多文职人员、办事员也喜欢穿着,于是同一款式的服装因为不同人群的同时穿着,导致职业制服的标识性意义就含糊不清。其中还有个典型的例子就是当时作为文职人员妇女穿着的职业制服——旗袍,正是由于没有特定的款式、颜色、徽章、材质等,和普通旗袍不无异样,其穿着人群还包括了社会上的各类舞女和许多的家庭妇女,广泛的穿着范围使其标识性的象征意义也大大地降低了。

3. 新中国成立以后

这一时期职业制服所表现出的特征是鲜明的时代性,呈现出一派积极向上的象征意义。首先受前苏联的影响,出现了具有革命象征意义的职业制服,如双排扣、翻驳领、斜插袋、横襻款式的列宁装,并由政府"公给制"作为制服统一发放;其后出现的是受当时红卫兵的影响的军装倾向的职业制服,"文革"的发生出现了工装式职业制服,着工装以象征自己是劳动人民中的一分子也是一种荣耀。但后来由于忽视对外交流而使职业制服与国际服饰潮流相脱离。

4. 改革开放后—至今

中国实行改革开放政策以后,掀起了百业争先的踊跃局面。职业制服所表现出来的主要特点是:很多企事业单位不再满足于过去那种军服化的职业制服和用劳动布、回纺布制作的紧下摆、紧袖口、小翻领和大贴袋这种老式的劳保服,他们试图追求与国际服饰潮流接轨的,在款式、色彩和面料方面追求变化的新样式;同时很多企业纷纷开始把人的工作环境、企业(团体)形象作为拓展市场必备的条件。在今天,如邮递员、医务人员被人们亲切地分别称为"绿衣使者"和"白衣天使",这就说明了职业制服在人们视觉印象中反复重叠而形成的文化元素,由此很多职业者认为不这样就不利于确立自己的社会角色,因而逐步丰富了职业装的文化形象。

(二) 现状

目前中国职业装的市场可以用"容量巨大,供应充分,交易活跃"来概括,中国的职业装市场年销售额在600亿至1 100亿元,且每年以近11%的速度增长。中国职业装的主要消费者是6.5亿人的产业大军,至2011年为止的职业装企业就有2.5万家,已经形成产业集群。中国职业装市场发展可以从两方面来看:一方面,随着社会形态、文化背景、经济环境及生活方式的变化,职业装的消费群体逐渐意识到职业装对于增强企业凝聚力、提高整体风貌和文化形象的作用,各个企业普遍把穿着职业装作为企业形象、企业素质和企业文化等综合实力的象征;另一方面,许多职业装企业作为中国服装行业中一个特殊部分,经历了二三十年的发展后已经有了突飞猛进的变化,已经从过去的小作坊式的加工方式发展成了集面料、加工、销售一条龙服务的集团性质,并从单一的产品发展成几十种产品相互配套的综合性企业。同时,2008年的奥运会,2010年的世博会,都给国内职业装市场带来发展的推动力。未来的十年对于职业装市场来说是一个重要的转型时期。目前职业服市场现状概括起来有以下几点。

1. 前景广阔,竞争激烈和市场细分化

由于第一、第二、第三产业的不断发展,其对职业制服的需求量也变得越来越大,特别是第三产业的发展,其分属的各行业亦需要各自的职业制服。文教、卫生、科研事业单位、宾馆酒店业、餐饮业和公用事业类等,特别是宾馆酒店业和餐饮业得到不断的壮大发展,每天都有很多的新酒店、新饭店开张。随着市场经济的发展和人们新需求的不断涌现,制服市场的划分会越来越细,对制服企业提供的服务标准要求也会越来越高,所以企业也将迎合市场的需求,提供专一化服务。

2. 制服消费者观念的成熟

当今人们对制服的需求已不再只注重它的标志性和防护性,而是更注重它的审美性、文化性和流行性的统一,因此具有一定特色的制服设计形成了一个新的市场增长点,和国际接轨的制服理念也已经在一些行业得到了初步的体现。

3. 设计与生产方面的不足

设计师方面:职业装设计师比一般的时装设计师要求的面更广、设计能力更高并且制约会更多,这类服装设计师还要顾及到诸如室内装潢、环境艺术的格调、工作环境特点、光与色彩的关系和服装对人的疲惫度等的影响。即使是服装方面,除了设计以外,还涉及很多其他相关学科,如服装卫生学方面,诸如面料的气候调节能力、体温调节功能等,所以不是所有的服装设计师都能胜任职业装的设计。同时,制服的设计虽归属于 CI 系统,但 CI 体系的设计策划者,则不一定能够设计服装,因此,制服设计师应该并且要求是一专多能、触类旁通的。再者,现在大专院校培养的服装设计师都比较热衷于时装设计,所以高素质的、一专多能的专业制服设计师是目前服装行业内最紧缺的人才。

设计方面:现有市场上很多职业制服的标识性不易识别,表现在制服的色彩差异不明显,甚至很相近或用相同色彩,而且款式也有雷同现象;许多制服设计在整体搭配上不考究,如服装与配饰方面风格不统一,上下装色彩不协调,有些只注重衣服和帽子而缺少统一的和服装相配的鞋子等;面料、辅料配合性不是很强,既影响外观又影响穿着。

生产状况方面:同设计师方面一样存在着弱势,比如好多服装企业都在承接制服的加工与制作,而这些企业大多是没有专业设计师的,不懂得职业制服的特点,并且不具备相应的技术设备和生产能力,因而加工出来的职业制服有时候会出现材料选择不当、款式陈旧、做工粗糙、色彩单一和成本较高的现象。

4. 政府的重视

政府部门、行业协会为了更好地推动职业制服的设计水平和生产,定期举办职业装博览会和各类职业装设计大赛。如 2006 年中国职业装企业的自律组织——中国职业装产业协会在天津挂牌成立;2008 年,国内高校中第一个职业服领域的专业研究基地——东华大学服装学院职业服研究所在上海成立;2010 年,中国服装协会职业装研究中心(简称职业装中心)在北京正式成立;2013 年在浙江湖州举行了第十一届中国职业装企业家峰会,形成《中国职业装产业 2014—2020 发展纲要》;中国服装协会产业部每年定期开展中国职业装优势企业评价推介活动,评价产生"中国职业装领军企业"和"中国职业装 50 强"企业,这些事件与举措都推动着国内职业服行业向高规格、高水准方向发展。

第二节 职业制服的特征及分类

了解职业制服的特征和分类,或对设计,或对经营,或对市场,或对研究其发展有指导性作用,作为设计、生产、经营、销售、使用职业制服的方方面面的人来说都是应该明确的。

一、职业制服的特征

职业制服主要的特征除了服装的基本功能外,与其他类服装相比,更增加了一些服装的特殊语言特征,其服用社会功能主要如下。

(一)实用性

职业制服的实用性是指其作为职业者从业期间穿着之用,必有其实用特征,而且这一特征相比生活时装要更加强烈。其中一方面体现在能适应不同的工作环境,如水兵在地方狭窄的舰船上活动,套头式上衣、侧开口裤子等细节,都是制服实用性的体现(图4-4)。

图4-4 中国水兵整体着装

另一方面还主要是体现在其经济耐用性上。制服不像过季的时装那样可以大幅度打折,一般都是由企业团体根据需要专门定制的,而且数量都很大,再加上定制制服的费用都是事先预算好的,所以反映在制服上就表现为需要面料牢固、一衣多穿的经济耐用这种实用性的特征。

(二)象征性

职业制服的象征性是指由于制服是按照一定的规制设计的团体性服装,是一种统一而又独有的群体服饰形态，构成强烈而鲜明的集团形象，达到区别于社会上其他集团，从而成为该集团在社会上的形态性象征物，如建设银行和农业银行职员制服的区别就可以视作是同行业之间不同集团的区别。通过制服体现集团的这一特征和主体精神，标志该集团的社会形象和社会地位，如公安工作者穿上警察制服后，除了给人庄严之感外，还代表国家并将行使赋予他的权利。

（三）标识性

职业制服的标识性是指制服作为一种非语言性的传达媒体，通过视觉向社会传达穿着者的各种社会内容。通过款式与色彩的搭配、服饰配件和企业标志来传达。成功的职业制服具有完整的标识系统，从头饰、手饰、足饰到衣身上的标志物、标志图案以及款式造型、色彩搭配、面料质地都有一整套严格的配套，从而形成职业制服独特鲜明的标识性（图4-5）。标识性在传达服装的精神性方面主要表现在两大方面：其一，社会角色与特定身份的认定；其二，不同行业、不同工作岗位的区别。前者如证券公司的"红马甲"、象征和平的绿色邮递员装、硕士博士的学位服、法官律师的法庭着装及各式军装，及看到"高通白帽"就能明白其是酒店的厨师。

图4-5　中国农业银行的职业制服设计以企业Logo中的绿色为基础，既体现农行特色，也代表了企业员工朝气蓬勃的精神状态

（四）秩序性

不同的社会机构、集团、行业之间的职业制服存在着很大的差异，而同一部门的职业制服表达着同一个形象、同一个团体，因而在款式造型、色彩、材料上具有统一特性，显得整齐而又有秩序。如果无论任何职业、任何时间都以花花绿绿的自由着装的话，那将会使工作环境趋向混乱。此外，同一个团体、企业内制服的不同，则表明穿着者的服务范围、职责权限及工作岗位的不同，这对职员的行为规范、生产组织管理及形成良好的工作环境、提高工作效率都能起到积极的作用（图4-6）。

图 4-6　北京地铁四号线员工职业制服,不同岗位有差异化设计

(五) 美化性

职业制服艺术的美化性,从制服的设计方面体现,除了能美化个人形象的基本机能外,更重要的是通过制服来传达穿着者所在企事业单位团体的整体外部形象。如某餐厅的制服与其工作环境的色调、风格能形成一个协调的整体,就能让顾客产生此家餐厅档次高、可放心就餐的美好印象。

(六) 约束性

职业制服的约束性是指把衣装规格化,把穿着者的行为规范化。不仅在造型、色彩、装饰配件上有严格的规定,而且在穿用方式上也有严格的标准,绝不允许个人自由随便穿着,所以制服在赋予个人以集团归属性的同时也剥夺了穿着者的个性需求。与一般的服装多元性目的不同,制服具有非常明确的一元性目的,如门卫、商店导购小姐、值勤的民警等,在被限定的工作环境中,制服的一元性目的虽然给工作带来了许多方便,但也将穿着者的言行一览无余地"暴露"于众目睽睽之下,使穿着者对自己的行动格外慎重,束缚感、拘束感不言而喻。

二、职业制服的分类

职业制服的分类方法因其着眼点的不同,有很多种不同的分类方法,一般来说,制服的分类重点应突出其职业的特点,并兼顾社会习惯及服装自身特性。制服可以是大的分类,也可以是具体到每个人和每个岗位,明确不同岗位不同着装的特点,在设计职业制服时往往需既顾及到行业特征,又必须考虑到具体的工作特点。下面例举几种比较常见的制服分类方法。

(一) 按产销方式分

职业制服有其特殊的生产和销售的形式,可以将其分为受限市场类制服和非受限市场类制服。

1. 受限市场类制服

受限市场类制服,也被称为限制性职业制服,通常这类制服不参与市场竞争,其特点是设计相对稳定,可能一种设计会沿制很多年甚至更多,并由规定、法则和人们长期形成的传统意识所统一规定的,不随个人喜好而随意更改,也不是由某个设计师个人所能大幅度更改的,并且其生产制作也是有专门的服装生产加工厂家按规定承担制作,不会随意交给任意工厂,其服装生产加工厂家要对制作承担高度的责任,并且生产数量和销售对象相对固定和稳定,一般的企业是不可能有介入机会的,这就是其不存在市场竞争的特点。

这类制服可以大致分为:国家军队制服,包括陆、海、空三军的制服,武警、特种军兵种的军人制服;国家公职人员制服,有海关部门制服、税务部门制服、工商部门制服、公安部门制服、交通部门制服、法院部门制服和邮政部门制服等。

2. 非受限市场类制服

非受限市场类制服,即除了限制性职业制服以外所有的职业制服,通常这类市场的制服是可以允许任何服装企业参与竞争的,无论从设计、生产到销售,其伸展空间都比较大。设计师可大量掺入个人的设计理念和时尚的流行趋势等并利用高科技手段,针对行业工种的特殊性和企业市场形象的需求进行设计。其特点是以设计水平、专业水平、制作质量、价格和品牌形象为其竞争焦点。随着经济的发展,企业竞争的加剧,直接影响企业形象的职业制服愈来愈受到设计界的重视,开发这一领域,提高这类职业制服的设计水平是职业装生产、经营企业的重要课题,本章将重点阐述这类职业制服的设计研究。

这类市场的制服可以大致分为:服务性行业制服,如宾馆旅游业、餐饮业、美容业、娱乐业、物业管理业和各类商业类制服等;非服务性行业制服,如信息、咨询、管理、金融、体育、和文教等制服,这类制服是以代表社会团体、事业单位的规章制度穿着的。

(二) 按不同岗位分

职业制服的重要特点之一就是其特殊性,对同一行业内部的不同岗位、地位、身份的职业制服作进一步分类,各行各业分工的不同形成了各自的服饰语言。职业制服作为各行各业形象的代言,越来越受到普遍的重视,出现了各种各样形式各异、五彩缤纷的制服,但职业制服又有其相对统一的一面,即要适合行业的功能需求。宾馆酒店业职业制服中,同一个酒店中,就分为前厅、客房、餐饮、保安、工程勤杂等不同的部门,而仅在前厅部则又可细分为大堂经理、大堂副理、前台领班和服务生、门童、行李生等;航空制服则分为地面与机组人员两类,地面人员又细分为汽运、售票、地勤等,各自的服饰形象鲜明具体,不能混淆。行业内的不同特点分类说明了制服设计的复杂性,唯有明确了具体职业岗位对象才可能有设计的针对性和准确性。

(三) 按功能分

根据职业制服不同的使用功能,行业制服又可以分为礼仪与防护两类。

礼仪类制服用于社交、工作和礼仪等场合,偏重于美观大方体现行业形象,其相应的服饰配件有如领结、领带、领巾、徽章、缨穗、帽子、肩章、手套、钩扣等,其设计艺术性大于使用功能。防护类制服多用于作业、保护及特殊用途,强调实用性与安全性,其相应的服饰配件有如头盔、围巾、头巾、眼镜、防面具、手套、靴子、绳带等。这类职业制服的安全功能性大于艺术装饰性(图4-7、图4-8)。

两者虽然设计的侧重点不同,在款式设计中要有针对性地加以有机结合,而非对立。

图4-7 欧式西餐厅服务人员着装,经典三件套搭配着装加上领带、领结、徽章等细节上的装饰尽显绅士礼仪

图4-8 抢险救援人员的工作服具有阻燃、耐高温等防护性

第三节　职业制服的发展趋势

我国职业装产业发展历程是从20世纪90年代末才进入发展的快车道,形成了一个初具规模的产业。随着全球经济环境的变化,国内劳动力成本大幅上升、人民币升值等一系列不利因素的综合影响,我国服装产业的整体发展形势都比较严峻。在未来的发展中职业装市场将面临新的考验,市场需求将进一步加大,对于职业装企业来说危机和机遇并存,是发展的挑战也是重新定位的机遇。纵观全球,职业装未来发展趋势如下。

一、专业化、科技化趋势

一方面,随着职业化时代的到来,全社会对制服的需求量和质量的要求呈有增无减的态势,经济发展、社会分工越来越细,新行业的不断产生,制服市场定位向更细微领域深化。市场多样性的要求下产生了更具专业化的生产加工、专一特色服务的制服生产企业。

另一方面,高科技含量的软件、设备的发明和使用,加快了设计生产的智能化和自动化过程,大大提高了生产效率和质量,生产成本进一步降低。进入电子商务时代,企业通过网站就可以便利、快捷地得到各种行业内信息,可以在短时间内了解货源信息,在网上开辟新的销售渠道,从而获得更大的经济效益,提高企业的知名度和竞争实力。在面料开发上,安全、卫生、无害、无污染、节约能源和资源的"环保纺织品"研究已取得了长足的进展,许多整理剂都在向低毒、无毒化发展,防静电、防辐射、免烫、阻燃等高科技含量的面料也已经成功开发出来。废旧职业服的回收再利用将推动节能减排,注重资源循环。所有这些都为绿色环保的职业服产业奠定了坚实的理念和技术基础(图4-9～图4-12)。

图4-9　中国建设银行职业制服以藏青色套装为主,此外宝蓝特色丝巾搭配极具象征性

图 4-10　高级西餐厅服务人员制服

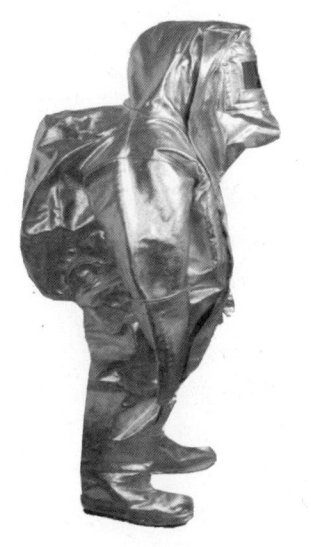

图 4-11　海星顺达科技有限公司生产的重型避火化学防护服

图 4-12　国际环保纺织标签（Oeko-Tex® Standard100）逐渐成为全球纺织行业安全测试的国际性标准

二、个性化、休闲化、民族化趋势

在市场竞争的大环境下，以个性化的制服来彰显企业独特的文化和理念，也是立足市场的重要因素。同样，对于制服的细分专业设计和专业生产也会要求更高。随着时代的发展，人们对制服的要求更加趋于人性化和舒适化。休闲、舒适而又具有一些流行特点的服装款式也将融入制服的设计中。同时东西方文化在人类服装服饰设计和生产进程中,产生了各自的美学特点。在参与国际化竞争中,保持民族性的独特审美观和情趣性,同样成为制服市场竞争成功与否的重要标志。

三、品牌化、国际化趋势

国外制服品牌迅速进入中国市场对国内制服市场影响较大。国外制服品牌发展到今天,大部分已经是相当成熟的,哪怕是一个在国外市场上名不见经传的中档职业制服品牌也会因为它身处的有利环境而比中国大部分职业制服品牌的经营发展略高一筹。因此要想保持并扩大制服出口份额,只有提高产品的科技含量,精、深、细加工,提高产品的附加值,才可使我们中国的制服品牌,在国际市场慢慢崛起。

其次,随着中国经济的飞速发展及与世界各国各种交流机会的增多,以及网络和科技带给人们的种种便利,使得职业人员对衣着品位的要求越来越高。消费者越来越注重服装功能性与个性和时尚的吻合程度以及品牌的形象。因此随着经营理念的进步,一些知名职业装生产企业开始从生产经营转变为品牌经营,并且在设计和制作上都有更多的国际化倾向,很多企业已经意识到品牌对于企业的重要性和意义,品牌经营已经成为企业经营中的重中之重。

四、时尚潮流化趋势

职业制服在近百年的演变与发展中,经历了以单调的蓝色、灰色为基调的大一统之后,进入了当今丰富多彩的时代,由单一化向多元化发展,由混乱向规范化发展,由纯实用向实用和审美相结合的方向发展。在现代文明社会中,制服已成为社会服饰的重要组合,是不同公司、企业、团体的形象识别标志,体现着企业及集团的特点。制服的功能在20世纪90年代初大多定位在识别功能上。例如,日本的松下集团,就非常注意企业形象,注重制服的设计,使员工通过身着松下服装而对企业产生认同感。松下制服不仅对松下员工有约束与规范作用,而且欣赏者(观众)可以通过松下制服得到对企业形象的符号化确认,消费者也就不自觉地用这种被规范化的形象来要求松下成员,检验松下成员是否维护与尊重这一符号化的形象标志。正是运用这种制服的符号化的功能,企业集团的群体形象才得以比较规范地区别开来。

到了20世纪90年代末,使用制服的企业在保持制服原有的符号化功能的基础上,更加强调企业的人文特征,即同市场的亲和感。这种亲和感表现在制服的设计上,更加注重制服的人文特征,注重穿着者的个人感受。当制服同穿着者的个人情感、流行时尚相结合时,也标志着时尚的职业制服时代的到来。虽然,制服的创新没有时装的演变周期快,但纵观制服业历史,若不顺应时代的潮流,在一个新的阶段推陈出新,产品的功能、款式不升级换代,则会很快被社会所淘汰。这便从另一角度说明了制服的设计离不开时尚。时尚使制服设计充满活力,从而突出制服应有的"平凡中不平凡"的独特群体形象特征,而时尚的活力与生命在于不断地推出新产品,所以,制服的发展与时尚有着相互作用的效应。

第四节　职业制服设计方法

职业制服作为一种服装产品，其设计和开发需要满足一定的设计要求与原则，设计中在充分体现职业制服与企业视觉形象识别系统的联系、打造制服的整体系列性、分析市场需求、体现制服功能性的基础上，还要遵循职业制服设计的定位、审美、环境协调和以人为本的设计原则。

一、职业制服设计要求

（一）与 CI 联系要求

CI，也称 CIS，是英文 Corporate Identity System 的缩写，目前一般译为"企业视觉形象识别系统"。包括：企业名称、标志、标准字体、色彩、象征图案等，企业的职业制服也属于 CI 系统中的组成部分之一。

职业制服在款式造型、色彩搭配、材料的选择上归属于企业与团体的 CI 形象识别系统，它是企业与集团的理念传播、视觉传达中的最直接、最重要的形象载体。因此设计时除要深刻理解企业与团体的经营理念、管理体制外，还要根据工作的性质、工作的环境，体现其秩序性、礼仪性、标识性和主体精神性，使其与人的行为规范、精神面貌一起共同传达出企业与团体的精神理念和文化品位。

（二）整体系列性要求

职业制服的整体性、系列性是最基本的设计要求。在一些分工众多的大型企业或社团中，往往一个大系列中又包括很多小系列设计，形成母型和子型的金字塔结构。如五星级酒店，有文职管理人员、前厅行李员、保安员、餐饮人员、客房部人员等共同构成一种酒店系列的服装。其母型主题是酒店"亲和为上，宾至如归"的服务宗旨，因此作为各部门的制服设计应围绕这个主题展开，统一在其标准的 CI 识别系统中，并且还要形成各自的子系列，如文职服、行李员服、餐饮服等都要根据其不同的岗位，不同的着装的贯制，又要区别对待。在各自的子系列中又各具特色并可再分。设计这一类制服时可选择着装人数最多、最能体现酒店形象的服务装作为母型设计。确定设计稿，并由此根据其他岗位工作特点衍变出相应的子型设计，与服务员装相比，迎宾装更注重形象的优雅，领班装更显出管理上的严谨，而传菜员装则要求更便于活动，领座员装则以简洁为主，他们既统一在餐饮服的范围中，但又各有区别（图 4-13）。

（三）分析市场要求

职业制服划分为受限市场类制服和非受限市场类制服，所以制服设计首先受到来自客观形成的市场划分的影响。前者我们是由指定的服装单位设计制作，而后者制服用装在设计实践中，必须要通过非常具体的市场调研、品种分析、确定市场、核算成本、制定价格、式样设计、纸样制作、色彩选定、面料及辅料的选购和生产制作工艺，以及相应的商业洽谈等环节来把握实现设计。

（四）功能体现要求

职业制服功能性是其区别于普通服装的最大特点，也是其设计中最为注重的方面，包括来自适合运动的要求、面料舒适度要求、满足工作环境的要求、甚至是防护性要求等内容。

图 4-13　五星级酒店各岗位职员工作制服

制服是人们在工作时间内必须穿着的，一般都为较长时间的与人体接触，所以像某酒店后勤清洁工的制服设计，就得考虑其经常洗刷和清洁的因素，在设计过程中就必须体现出其适合运动和耐洗、不易褪色等功能要求。

（五）审美体现要求

制服是现代企事业单位团体 CI 设计中的一部分，审美体现要求是不可忽视的。穿着者在一个企业单位工作，其穿用的制服在紧张繁忙、乏味枯燥的工作环境中如能创造视觉上的美感，就易于缓解紧张情绪和疲劳感。所以在职业制服设计当中，适度表现服装的生动美观同样是十分必要的，可以通过色彩、配饰、廓形、结构等设计元素来达到。另外，穿着是否合体也是体现制服美观与否的一个重要衡量指标，一定程度上也是展现良好形象的关键，除去要按照国际通用的系列号型以及四个体型的规格标准制作外，还要根据需求具体个别进行测量以得到更加准确的尺寸数据，便于针对性打版。企业职业服量体数据表格见表 4-1。

二、职业制服设计原则

（一）设计定位原则

职业制服设计定位原则是设计师把握设计方向的重要因素之一。可以遵循 5W 原则，分别是（who）什么样职业的人穿、（when）穿用时间、（where）穿用的工作地点、（why）为何穿、（what）穿什么。人所从事的行业不止三百六十行，这里的"人"在职业制服上表现为一个群体、一个部分、一个阶层。时间与地点则是职业的大环境和小环境因素，时间有春夏秋冬、白天和黑夜之别。地点则表现为地域性的大环境与具体工作的小环境。对职业制服的设计影响，后者更为明显，环境的特点、制约、要求、安全等限制着职业制服的设计方法和范围，是客观既定地影响着职业制服的功能、风格和定位。制服的穿着目的表现在功能上、企业标识或劳动保护。如果标识不明显,被人误认或模棱两可的设计是失败的设计。"穿什么"就体现落实到最后制服的具体款式造型、色彩搭配和材料选择上了。总之只有设计的定位准确,才有职业制服的鲜明适应性和独有风格性。

（二）实用美观原则

穿着的实用美观性是职业制服最基本特征之一。由于具体工作的穿用关系,需要制服具有舒适合体、穿脱方便、易于活动和适于工作等特点。从穿着者的职业特点出发,在造型和结构上顺应其劳动强度和肢体运动量的大小,以方便劳作,提高工作效率。同时,在面料方面,应适于工作环境,对穿着者的肌体起到保护作用（如阻燃、防酸、防污、耐高温等,如图4-14）。实用与美观这两个方面是一对相互矛盾的对立统一体,忽视任何一方都是不行的。如过于强调舒适,把制服设计得像休闲便装似的,就会容易引起穿者精神涣散,注意力集中不起来等;如又过于强调实用,把制服设计得相貌简单、呆板、粗糙,甚至"低俗",不要说有利于企业形象,恐怕连有利于穿衣人形象都谈不上,这是令人十分遗憾的。

图4-14　3M公司研制的新雪丽高效保暖材料,具有保暖、环保、舒适、易打理等特性

（三）环境协调原则

职业制服的环境协调原则能够让制服变成整个工作环境中的点睛之笔,提高企业的被认同感。制服是工作环境重要的组成部分之一,制服的装饰形式与环境的装饰形式可以是对比关系,这种对比关系能使制服在环境中发挥点缀作用,让原本可能显得比较单调、沉闷的环境焕发生机。制服的装饰形式与环境的装饰形式也可以是一致的,这种一致的关系能使制服在环境中起到辅助作用,让原本优雅、美好的气氛愈加浓郁。例如,麦当劳西式快餐店的制服设计与其CI设计是世界公认的优秀范本之一,其制服装饰美与环境协调的表现也是较成功的:红白相间的宽条纹衬衣在暗灰色下装的衬托下,显得特别精神,整体着装给人鲜明、亲切、干练的印象。同时,也与麦当劳企业其他视觉形象（标志、标准色、企业图形以及店内台、椅、墙、地面等装饰）十分协调（图4-15）。

图4-15　世界各地的麦当劳餐厅为员工定制的工作服,虽各具特色,却和谐地统一在企业的 CI 系统中,传播企业精神与文化

（四）人本经济原则

职业制服人本经济原则是不可忽视的。不仅要有人性化的体现,还要考虑经济因素。在制服设计中体现人性化就是要强化"以人为本、服务于人"的设计理念。科学技术领域的发展,对人们的生产生活方式产生了深刻的影响,把人作为哲学的基本问题,围绕人的价值、人的需要、人的社会展开研究,产生了一切"以人为本"的设计宗旨,表现在制服设计中便是制服的功能化设计,即满足人体生理条件的舒适性要求的同时又要凸显环保。与此同时,不可忽视另一面则是大多数企业所期望的经济原则,我们在设计中一定要相互平衡这两者的关系,通过款式造型、面料选材、控制成本来体现人本、经济原则。

（五）通用性原则

职业制服通用性原则关键在于设计以展现团队整体精神面貌为首要目的,要根据具体企事业单位团体的性质、精神理念及 CI 形象识别系统进行策划,树立整体的社会形象和团队精神形象,因此在一定程度上职业制服的设计不会过多考虑个人个性方面的需求。针对众口难调的情况,制服在款式设计、尺码号型等方面,会考虑某种程度的"通用"或"中庸"。

（六）岗位等级原则

职业制服岗位等级原则是通过设计区分不同工种人员的方法。在强调企业统一形象的前提下,还要根据各个工作岗位的特点,衍变出相应的设计。例如,与营业员相比,管理人员服装要显出管理上的严谨,礼仪员服装更要注意优雅。既要在主题一致的前提下,又要各有特色,巧妙平衡主干与分枝的关系。寻找出可变因素,包括色彩、面料、细节、配饰等。主题和可变因素两者密切相关从而保证制服对外的统一性和对内的区别性。

三、职业制服设计要素

由于工作性质不同,职业制服的设计首先要考虑的就是符合各自的行业特色。绝大多数职业制服整体造型比较简洁大方,这是出于控制成本、简化制作过程的目的,如何把看似简单的职业制服设计能够兼顾体现流行感、展现个人魅力和符合企业形象,在掌握职业制服设计的方法、要求、原则的基础上,还需要综合应用职业制服设计的几大要素:款式、造型、色彩、工艺和配饰。

(一) 制服的款式

第一,根据不同的行业属性,款式设计的类别可分为公务制服、酒店制服、教育制服、金融制服、商业制服、产业制服、航空制服、保险制服等几大类,每一个行业的特点和制约性都十分明显,在款式设计上要明确体现出来;第二,在同一个行业内部又分为不同的岗位、地位和身份,如在公务制服、金融制服、保险制服和产业制服这几个行业中可粗分为管理人员与工作人员两大类,工作人员又可根据工种的不同分为窗口人员和后勤人员;第三,根据季节的不同,款式上又可分为夏装(短袖或长袖衬衫)、春秋装(马甲、长袖外套)、冬装(大衣或棉衣)三大类,这同样要根据工作环境的不同来搭配,户外工种就要求四季的服装都配全,而在空调环境中的制服就可以模糊这些界限,有些只需要配齐一套春秋装(外套+马甲+衬衫)就足够了。

(二) 制服的造型

制服造型设计首先要确定其基本造型和基本造型的风格特征,如是普通型、合身型还是宽松型,将要设计的是传统风格、现代风格、民族风格还是欧式风格等。制服的基本造型轮廓大致分为三类:普通型、合身型和宽松型。普通型是介于合身型和宽松型之间的服装造型,是20世纪50年代以前大多数制服的基本造型轮廓;合身型造型,设计时按照人体的自然状态对人体不足的部位,通过垫肩、收腰等方法进行掩盖或调整,体现庄重、大方、典雅的特点;宽松型服装是按人体的基本形态来形成服装的造型特征,主要用于服务行业等一些特殊岗位,便于活动。

(三) 制服的色彩

色彩在整个服装的总体设计中起的是一种"先色夺人"的作用,这一点在制服这种标志性很强的服装中更加显得重要,色彩与造型同为款式设计的两个支撑点,在具体设计时很难区分,有时先有造型然后配色,有时先有色彩构想然后配以造型。

作为企业CI文化的标志形象设计,为达到传播的有效性,往往采用鲜艳明快的色彩,而服装色彩的运用,必须考虑色彩的科学性,符合时代的审美观。如长期在室内固定座位上工作的工人,就不能采用鲜艳明快的色彩,因为强烈的视觉冲击容易使视力疲劳,所以应该采用柔和的灰色调减弱它的视觉刺激。为解决由此产生的矛盾,制服在设计中往往采用将标志色作为制服中的点缀或采用它的同类色系,以达到企业形象的共同性,加强企业形象的标识性。服装与人的关系必须最终让人在着装之后产生愉悦、轻松的心情,进而表现出活跃而规范的体态,这是社会公众评价的最好依据(图4-16)。

(四) 制服的工艺

制服的材料和加工手段直接与工种有关,体现集团形象的、出头露面的工种,以及高级职员的制服一般选料较高档,以毛混纺或纯毛料为多,加工手段也以精做为主,附加装饰常使用刺绣、补花等特殊工艺;而生产第一线的工种,因劳作容易污染和破损,需常洗常换,就要考虑采用易洗易管理的棉、涤或仿毛类化纤面料,特殊环境下的作业服还要考虑防静电、耐碱、耐酸、阻燃、防水、防油、防尘等经后加工处理的特殊面料,加工手段也以简做为主,一则降低成本,二则便于洗涤和保管(图4-17)。

图4-16　日本秋田银行职业制服,打破以往沉闷暗灰色调,鲜明的色块拼接尽显员工活力,同时也给顾客带来愉悦的心情

(五) 制服的配饰

制服区别于生活便装及其他类服装的显著标志之一在于其饰物配件上。人们识别制服从配件饰物特征上更容易些,厨师帽、护士的"馄饨帽"、煤炭工人的井下作业帽、警察的大盖帽、贝雷帽所显示的职业特征妇孺皆知,配件与饰物种类繁多,材料各异,按其作用大致可分为标志用、防护用和装饰用类配件。

1. 标志用

标志用的饰物和配件有肩章、帽饰、徽章、工号牌、手套、领带夹和领结等,它的标志性可以分为行业标志和岗位标志两方面,在制服中起标志和识别作用。

行业标志也就是制服与其他服装区分的特征。通过配饰的运用,使服装带有明显的行业标志性,便于公众识别。徽标是最直接的标志,通过它可以表示不同的学校、不同的公司、不同的行业等。军队是最典型的范例,陆军、空军和海军都有不同的徽章。监察、工商、税务等国家执法机关的服装在款式和色彩上都很相似,但通过不同的标徽就可以识别,也可将企业的标志运用在不同的

图4-17　高级管理人员西服珠绣细节装饰,体现其尊贵地位

配饰上,如领带、领结、纽扣和徽章等,这是最简单有效的识别方法,在设计中可以充分运用这一点。

配饰也常用于行业内部的岗位识别中。厨师的帽子高低款式也同样有讲究,大厨、二厨到配菜工都会不同;军队服装仅凭着肩章上杠和星的多少就能分出级别的高低,由此可见配饰的

运用在行业内部管理和规范中起到多么重要的作用。

2. 防护用

防护用的配件有手套、头盔、帽子、口罩、荧光条纹、护腕、护膝和眼镜等，它们的功能性主要体现在防污和保护两方面（图4-18、图4-19）。

图4-18　中国防暴警察全套装备，包括防暴头盔、防暴盔甲、护膝、护脚等装备，其材料主要由高强度塑料、优质弹性体和不锈钢防刺网制成

图4-19　机场地勤人员着装，手套、耳罩、口罩、反光背心都体现服装的防护性特征

3. 装饰用

配饰中当然少不了装饰用类配件。制服设计常常会因为考虑到工作要求和穿着人群等因素而受到局限，在款式、色彩和面料上都比较保守，但如果擅长运用一些精彩的配饰，则同样会收到好的效果。装饰用的配饰有领带、领巾、领结、领花、腰带、纽扣、徽章和流苏等，装饰用的配饰能美化从业者的形象和企业形象，虽然在整体服装中只是点缀，但却可以起到"万绿丛中一点红"的美感效应，但运用时要注意整体协调性，而且要配合服装的风格，要注意"少而精"的原则，以免喧宾夺主，削弱它的装饰效果（图4-20）。

图4-20　日本航空公司2012式制服设计，除了服装整体的巧妙撞色设计外，丝巾、领带、腰带、纽扣及胸针等配饰的设计都十分出彩

第五节　职业制服设计流程

职业制服设计工作的开展需要经过前期调研、中期设计生产、后期总结的步骤来开展。本节就如何开展职业制服设计项目的流程、内容、注意事项进行详述。

一、确定设计要求

确定职业制服设计要求可以通过高层访谈、实地调研、资料收集等方式，了解企业背景与需求、制定设计日程进度表、明确设计要求。

（一）同行业职业制服现状调研

通过市场调研了解该行业职业制服的国内外现状和特点以及与之相关的法则、标准和惯例等。

(二) 企业 CI 形象识别系统确认

通过与企业高层访谈了解掌握企业的性质、管理制度、经营理念及其在社会上的公众形象、其 CI 形象识别系统的基本要素和运用规范。

(三) 企业内部调研了解设计需求

根据设计任务进行自上而下的企业内部考察,通过问卷方式或设计人员现场考察调研方式,了解企业员工工种类别、工作环境、设计要求、着装禁忌等要素(图 4-21)。

通过以上方式完成制服设计的前期工作,根据集团理念、目的和已确定的识别系统,归纳出制服的总体印象和风格特征(经典风格、现代风格还是未来风格等);根据总体印象和风格以及各工种的工作特性、工作环境,提出各工种的具体要求;根据各工种的具体要求决定男女职员的区别特征;根据各工种的具体要求决定季节区别具体特征。

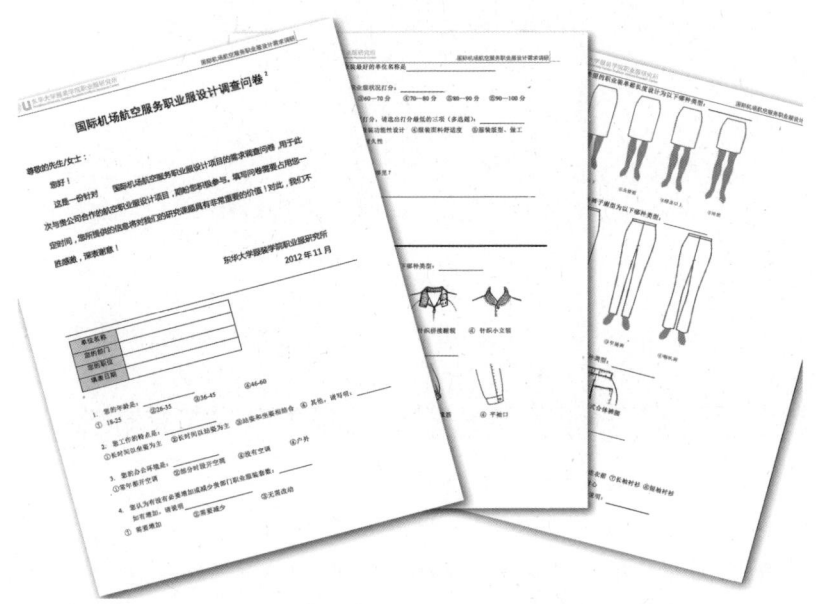

图 4-21　为企业调研设计的调研问卷,目的了解设计需求和要点

二、可行性分析

在明确职业制服设计项目的具体要求之后,要对该设计项目的操作可行性进行充分的研究分析。可行性分析包括以下几点内容:

(1) 设计项目在社会或产业、同行业中可能占据的实用、新型地位,学术、经济、社会价值;
(2) 需方的特殊要求与设计不能提供的最大限度服务条件的对比;
(3) 需方可能投入的项目经费与设计实际最低限度所需要的经费预算的对比;
(4) 需方要求的材料及配件到位状况与设计可能协调的结果(预想)对比;
(5) 需方期望的项目完成日期与设计实际达到的最快完成日期对比;
(6) 其他。

三、方案设计

职业制服方案设计方式包括色彩设计、素材选择、造型确定、企业 VI 应用和效果图表达。

（一）色彩设计

色彩设计对于集团形象的塑造显得尤为重要。与时装设计不同，制服的色彩不受流行色的左右，其根据标志着集团形象特征的识别系统来选定基准色。同时，制服配色中还可以加入具有行业象征性色彩，如航空行业制服色彩中可以使用天空蓝色。

具体根据总的设计要求和识别系统选择确定制服的基本用色，然后根据基本色决定各工种的用色特征、区分出男、女装用色特征和不同季节的用色特征。

（二）素材选择

根据总的设计要求选择相应的面料、辅料和配件素材，当然还要根据具体设计的不同岗位差异、服用功能性等角度来考虑不同素材的选用。

（三）造型确定

根据总的设计要求和面料、色彩特性确定基本造型特征，职业服的造型选择还是要根据不同行业、岗位、环境来决定。即使是在同一家企业，造型也可以进行细分。如机场地勤岗位有窗口人员、一线人员、保洁人员的区分，根据工作环境、工种的区别对职业服的造型、功能的需求是有所不同的。具体的操作方法可以根据基本造型特征决定各工种造型特征，区分出男、女装造型特征、不同季节的造型特征、不同工种的差异化造型特征，同时确定造型整体风格，如经典风格、都市风格、未来风格等。

（四）企业 VI 应用

企业的视觉识别 VI 标志加入到职业服设计中，标志的利用和标识部位选择都是需要考量的地方。如将企业标志图形应用于丝巾、领带、面料里衬、纽扣、拉链头等配饰、配件中，或刺绣在制服胸前部位。除此之外，企业标志还可以做成胸针、领标等小配件。企业标志的应用可以增加制服的可识别性，使员工获得归属感。一般只是作为点睛之笔运用在制服设计中，尽量避免在制服中大面积使用。

（五）效果图表达

经过分析设计前的调研考察，对所收集的资料加以综合整理，展开设计思路，用直观的效果图、平面款式图将设想表达出来，并以系列的形式设计多种可行性设计方案，以及针对具体职业要求提出相应的解决方案。此外，涉及方案还包括缝制工艺、价格草拟、成本核算等说明。

四、方案研讨

召开职业制服需求企业各级领导和各工种职员代表参加的研讨会，针对设计方案提出修改意见。并做出比方案草图更详细的效果图来表达设计内容，要求效果图准确、生动，并提供面料小样等。

五、样衣过程

试制：根据经确认后的设计方案进行打版、试制样衣。

检讨：召开有企业各级领导和各工种职员代表参加的研讨会，让职员穿上样衣进行评审，提出修改意见。

修正：根据各方面意见，在不影响总体要求的情况下，做出修改或重做样衣。

确认：再次召集会议，确认样衣后，检查修正版、制作工业用版。

由工艺设计师确定制衣工艺流程，提供给生产制衣单位完整的参数、尺寸、规格，确保制服款式、结构工艺设计的样衣标准。这一过程中款式设计者必须予以关注：有关的生产技术参数与样衣标准是否完全一致，推码的正确性如何，最后的包装形象、方法如何等（图4-22）。

六、合同签订

合同主要由购销合同和加工合同组成（表4-2、表4-3）。前者主要由服装产品的供方和需方来签订，主要针对产品的设计、样衣、数量、型号、金额、供货时间等的确定。后者的签订主要是针对合同双方在服装的项目、规格型号、数量、单价、金额、交货期限

图4-22　样衣评审会议，试穿样衣并根据修改意见进行样衣调整直至定样

以及与此相关的要求上做明确的签订。如有一方违约，不履行该合同或有争议，则根据合同有权通过协商或法律的手段来解决，若合同的某一项有变动，例如服装面料上的更改、款式上的增减、金额上的变动等，将追加修改合同，另外在加工合同的下面附有服装设计款一份。

七、成衣生产

（一）集团成员体型尺寸计测与号型归纳

根据具体的设计通常由三种情况，归纳为：

（1）根据归纳按照常规尺寸即XS、S、M、L、XL五档制作，让企业根据这五档样衣的试穿来确定具体尺码的确切数量，剩下的那一小部分特殊体型的，就采取单独量体的方式裁衣。

（2）厂方提供有关部位的测量要求，由企业自己相关部门来统计员工的尺寸，厂方再将这些统计来的数据归纳具体的分类号型。

（3）个体测量方法，这种多用于小批量的高要求类高级制服的设计制作。

（二）推版

根据要求采用上述某1、2种方法后，进行相关的推版并检查校样。

（三）制服成衣加工

在确定号型和推版后，制服成衣加工的基本顺序就是排料—裁剪—缝制—整烫—检验—包装—发货。这些虽然是制作部门的主要任务，但设计者也必须予以关注。

八、交货方式

（一）支付部分金额

这种方式是国内一般采用的方式。一般在合同签订后，由订方根据合同规定支付总金额的

30%~50%的预付款,在供方根据合同规定按时提供产品后,一般是根据规定在使用一周后再由订方根据规定按时交付剩下的50%~70%的应付款。

(二) 支付全部金额

有些企业采取这种根据合同规定,一次性交付全部金额和不收取任何定金的方式。

(三) 信用支付法

这是一种比较科学合理的贸易方法,一般多用于境外贸易,是指由银行作担保进行贸易,它有效地避免了国内一些无法偿还的死帐、无限期拖延的三角债等。

■ 小资料

某机场地勤制服设计

一、设计要求

为机场地勤设计春秋、夏、冬季制服,要求体现机场地勤服务窗口形象、企业CI形象和航空行业特征。

二、项目调研

(一) 国内外航空行业机场地勤制服现状调研

针对国内外航空行业现有机场地勤制服品类、搭配、色彩、面料、细节等内容进行研究分析。提炼国内外地勤制服现状与本次设计中需要关注的要点。

(二) 企业内部调研

1. 企业文化提炼

充分了解企业组织构成、核心思想、文化内涵,可以概括为求进、信任、诚恳、开通和包容,作为制服设计中的文化支撑。

2. 企业员工需求调研

通过对管理层、一类二类窗口人员和一线人员的问卷调研,获得员工对制服色彩、面料、细节设计等方面的需求,作为制服设计中的设计细节参考,如一线工装防寒服需要增加可脱卸内胆的设计细节。

3. 设计内容确定

确定制服设计项目内容包括设计款式数量、设计品类、岗位分类等,作为制服设计工作量的统计和制定设计项目规划,如一类窗口男性工作人员春秋制服品类搭配为:西装、西裤、长袖衬衫、针织衫、领带、皮带和皮鞋。

三、设计方案

(一) 设计主题

深入分析企业内部调研结果,并结合企业所在地域文化、行业特点提出设计大主题"海派欢乐",并提炼出设计关键词:活跃个性、美好回忆、缤纷色彩和都市魅力。

(二) 主要色彩

选择具有行业特色的蓝色和白色作为主要基色,蓝色的选取从流行色和企业Logo中提炼,流行色中选择了明快的亮蓝色,Logo中选取了经典稳重的深靛蓝色。

（三）视觉元素提炼

从企业视觉系统、航空行业特征、地域文化中提炼视觉元素用于制服中，如象征航空行业的小飞机图形，制作成四方连续纹样后可以作为丝巾的印花图案（图4-23）。

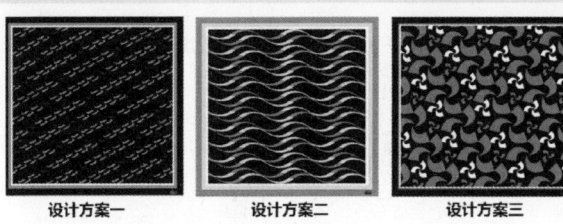

图4-23　欢乐旅行体验概念的配饰丝巾设计方案

（四）款式设计

结合调研结果、设计主题、主要色彩和视觉元素进行具体的款式设计，在设计中尽可能考虑不同岗位的需求差异，但同时要做到统一和系列感。如主要色彩中的亮蓝色在一线窗口人员西套装中作为女门襟和男领口的点缀，在一线工装中作为肩部拼色，从靓丽色彩的应用来打造"欢乐旅行体验"的设计概念。

表4-1　F制服有限公司量身表

编号：				客户号：				年　月　日		
部　门：				姓　名：			性　别：			
外套	件	衬衫	件	背心	件		裙	条	裤	条
名称	外套	衬衫	背心				名　称	裙尺寸		裤尺寸
套码号							套　码			
肩　宽							裤　长			
前　长				备注：			裙　长			
胸　围							臀　围			
腰　围							脚　围			
上坐围							腰　围			

(续表)

名称	外套	衬衫	背心			名　称	裙尺寸	裤尺寸
套码号						套码		
下坐围						上坐围		
后中长						下坐围		
腰节长						衩高		
夹圈					备注:	前裆		
袖长						全裆		
袖口								
领围								

客户签名：

表4-2　产品购销合同

合同编号：

需方(甲方)：SH机场地勤集团

供方(乙方)：F制服有限公司　　　　　　　　签订地点：

兹因甲方向乙方订购下列物品，经双方议妥条款如下，共同遵守。

一、订货明细表　　　　　　　　　　　　　签订时间：　　年　月　日

产品名称	商标型号	规格型号	计量单位	数量	单价	总金额	交(提)货时间及数量			
合计人民币金额(大写)										

二、质量要求技术标准、供方对质量负责的条件和期限

三、交(提)货时间及数量、地点、方式

四、运输方式及到达站港和费用负担

五、合理损耗及计算方法

六、包装标准、包装物的供应与回收

七、验收标准、方法、及提出异议期限

八、随机备品、配件工具数量及供应办法

九、结算方式及期限

十、如需提供担保、另立合同担保书、作为本合同副本

十一、违约责任

十二、解决合同纠纷的方式由当事人从下列方式种选择一种：

1. 因履行本合同发生争议协商解决不成的提交仲裁委员会仲裁
2. 因履行本合同发生争议协商解决不成的依法向人民法院起诉

十三、其他约定事项

　　　　　　　　　　　　　　　有效期限：　　年　月　日至　　年　月　日

甲方 单位名称(章) 单位地址： 委托代理人： 电话： 开户银行： 账号： 邮政编码：	乙方 单位名称(章) 单位地址： 委托代理人： 电话： 开户银行： 账号： 邮政编码：	签证号： 签证意见： 经办人： 签证机关(章) 　　年　月　日

　　　　　　　监制部门：××市工商行政管理局　　　印制单位：××市××印制厂

表4-3　F制服有限公司服装承接合同

　　　　　　　　　　　　　　　　　　　　　　　　　　　　合同号

甲方：　　　　　　　　　　（订制方）

地址：　　　　　　　　　　联系电话：

乙方：F制服有限公司　　　　（承接方）

地址：　　　　　　　　　　联系电话：

　　现经甲乙双方共同协商,本着平等互利,共同发展的基本原则,并且依照《中华人民共和国合同法》的有关规定,就服装制作承接事宜,达成如下协议：

一、承接服装的具体内容如下：

单位：人民币（元）

序号	品　名	单位	单价	数量	金额	备注
1						
2						
3						
	数量按实际交货数为准					
	合　计					

总金额：_____元人民币（大写）_____元人民币（小写）

二、定做方面料

材料名称	规格型号	计量单位	数量	质量	提供日期	消耗定额	单价	总金额

三、定金、交货、付款方式及其他

1. 本合同签订后，乙方向甲方收取订制服装总金额的_____%作为预付金，计_____元人民币（大写），_____元人民币（小写）。

2. 乙方在收到甲方预付金后_____个工作日，向甲方交货，即____年____月____日。

3. 完成制作后由乙方将货物送到甲方指定地点，经甲方验收合格后，甲方向乙方支付订制服装总金额____%的货款，计_____元人民币（大写）____人民币（小写）。

4. 甲方为确保质量，将留订制服装总金额____%的尾款作为质量保证金计_____元人民币（大写）_____人民币（小写）；乙方须为甲方提供__30__天的售后服务期（售后服务期从交货之日起计算），售后服务期满，由甲方一次性付清尾款。

5. 品牌标识为"F"；面料、款式以封样为准，交货时如有不符，甲方有权要求退换；乙方保证成品及样衣的尺寸误差负责免费修改。

6. 甲方员工如有自身原因（如体型变化等）在能改动的情况下乙方可免费修改；如产品因质量问题，免费维修，包退包换。

7. 包装及胶袋纸箱所产生的费用，由乙方承担。

三、违约责任

1. 甲乙双方如有一方违约，均由违约方将按日按合同总标的__3__%作为违约金，支付给另一方。

四、该合同未尽事宜,如有补充,请详见补充协议。

五、该合同一式两份,双方各执一份,经双方法人签字盖章后生效,两份均具有同等法律效力,望双方共同遵守。

有效期限: 年 月 日至 年 月 日

甲方 单位名称(章) 单位地址: 委托代理人: 电话: 开户银行: 账号: 邮政编码:	乙方 单位名称(章) 单位地址: 委托代理人: 电话: 开户银行: 账号: 邮政编码:	签证号: 签证意见: 经办人: 签证机关(章) 年 月 日

监制部门:××市工商行政管理局　　印制单位:××市××印制厂

本章小结

本章节主要以承载企业形象的职业制服为主体,对其分类、发展趋势、设计方法和流程展开详述。当下企业形象已经越来越受到关注,在纷繁的市场竞争中,树立一个有独特个性的良好企业形象在很大程度上决定了企业的生存与发展,职业制服以其强烈的视觉传播力成为视觉形象中相当重要的一部分。它通过独特的服饰设计语言,将企业的独特个性和经营理念转化为具体而形象的符号。

思考与练习

1. 制服与企业机构形象的关系。
2. 为某家五星级酒店设计系列制服,要求既要体现企业形象又要符合时尚潮流特色。
3. 模拟一组实务性职业制服设计方案,要求有详细的方案过程计划。

第五章 比赛服装设计

近年来各类比赛层出不穷,服装行业也不例外。通过服装比赛一方面设计师或专业学生能够提高自己的设计水平,另一方面也可以为企业、行业挖掘设计类人才。随着比赛服装受到越来越多人的关注,人们对各类大赛的比赛服装要求也越来越高,无论是设计款式、造型、色彩,还是功能特性和展现的用途方面都有更高的要求。

第一节 概 述

为了促进服装设计水平的提高,繁荣服装产业经济的发展,在近些年国内举办了各种服装设计大赛,于是一种带有时尚色彩的新鲜血液——比赛服装诞生了。

一、比赛服装的定义

比赛服装即指一切用来比赛的服装。广义上的比赛服装包括各类体育比赛、文艺比赛或各类晋级比赛时参赛者本人穿着的服装和各类专门用来比赛让模特穿着表演展示的服装,都统称为比赛用服装;狭义上的比赛服装特指后者,主体放在服装上面。由于各类比赛的参赛者穿着的服装因比赛项目不同要求着装、功能等都不一样,涵盖的范围非常之广,所以前者是个复杂而又庞大的概念体系,这里将前者定义为比赛用装,将后者定义为比赛时装,为了问题的单纯性和阐述的透彻性,本章主要重点研究后者,这类比赛服装主要用于展示及表达设计师的设计理念。

二、比赛服装的发展

(一)服装比赛的发展

许多设计师都是从服装设计大赛中脱颖而出,引起企业的注意,从而得到机会锻炼和进修。国外的服装设计比赛起步较早,如始于1954年的由国际羊毛局(IWS)主办的"羊毛标志大奖(Wool-Mark Prize)"比赛。著名服装设计师卡尔·拉格菲尔德(Karl Lagerfeld)和伊夫·圣·洛朗(Yves Saint Laurent)便曾是1954年首届羊毛标志大奖比赛的外套组与晚装组的设计大奖获得者。2008年我国设计师邱昊也获得过这个奖项。我国的服装设计大赛,酝酿启航于20世纪80年代中后期,如1985年的全国时装设计"金剪奖"大赛。服装比赛的兴起于90年代,随着社会的进步和产业经济的飞速发展,服装设计大赛的种类日益增多,水准也越来越高。我国有规模的服装设计大赛且举办历史在十年以上的也有很多,比如"大连杯"服装设计大赛开始于1992年、"真维斯杯"服装设计大赛开始于1992年、"汉帛杯"服装设计大赛(原"兄弟杯"服装设计大赛)开始于1993年、"中华杯"服装设计大赛开始于1995年、"中国服装设计新人奖"创办于1995年等。仅2011年全国性服装设计赛事就有40多项,此外全国各地还举办众多地方性、区域性的服装设计赛事。

服装比赛历来都是选拔某一领域优秀人才的一种有效方式,通过比赛来挖掘优秀的设计人才,使之脱颖而出,为这一领域的继续发展带来良性的循环。我国纺织服装产业从1980年开始迅速发展起来以后,对于服装设计师人才的需求愈发强烈,服装设计赛事的举办为发掘我国的原创服装设计力量起到了重要作用,服装设计赛事为广大服装设计师提供了一个机遇,那些从大赛脱颖而出的服装设计师已成为我国新一代的服装设计师群体。大赛也为服装设计师之间设计思想的交流提供了平台,有力推动了纺织服装企业的设计创新水平,并对服装产业的创新发展与企业转型有着积极意义。

目前国内外的服装设计大赛规模和模式都有很大的发展,各种新颖的服装设计比赛形式开始兴起。比如结合了真人秀节目方式的美国时装设计大赛"天桥骄子(Project Runway)"、国内的"魔法天裁"。真人秀服装设计比赛将选手的设计、制作过程都通过大众媒体平台呈现在观众面前,吸引更多人对服装设计的关注和兴趣。

(二) 比赛服装的发展

众多不同的设计理念让当代中国服装大赛的设计呈现出多元化和个性纷呈的局面。对于服装结构空间的探索是当今中国服装大赛设计的一大特色,新生的服装设计师擅长通过打褶、翻卷、包裹、叠加、撑垫、系扎、撕裂等方法改变材料的形态表情,以此来呈现、塑造新的体量关系,他们致力于探询服装和人体的空间关系、尝试新的工艺技术、对未来服装产业充满预言和设想,甚至打破了面料需裁剪成形的制作习惯,为面料的使用方法提供了一个新的可能;还有一些从未来产业技术角度考虑,将衣服的图样连续印在整幅的面料上,通过特定加工,只要按衣服的形状剪下就可穿,完全抛弃了从裁剪到缝制的传统方式;但在一些以市场性服装为主的实用性服装比赛赛事上的比赛服装却又呈现出服装造型并不夸张,搭配朴实自然,制作严谨考究,细节更是耐人寻味,表现出既平和又孤高的个性风格,这类赛事参赛服装更多的是关注中国消费者的生活态度,注重穿着者对服装的感受,因为着装状态成为表达生活态度的一种重要方式,设计师开始以平等和实际的视角,考虑自己同代人的穿着心情等特色。

在比赛服的素材开发方面,提出"设计从素材开始"的趋势,除了在弹性、肌理方面不断发掘,还加强了在染色和织造方面的研究,研究染料在不同环境中的色牢度变化、开发能在各种光线下保持良好色彩的技术等。采用天然素材的面料、多层次渲染的着色方法、让层层叠叠的立体皱褶和纷乱斑驳的纹理展现出自然的景象。同时他们还研究不同纤维用不同工艺制作的可能性,尝试各种素材的搭配、混合,新的图形处理方法,提倡节约资源保护环境,运用各种生态纤维、再生织物、新的植物纤维、避免化学药剂的水染性、有机染色法等,开发"绿色"服装。

第二节 比赛服装的特点及分类

从服装的艺术形式来划分比赛服装类型,可分为创意型比赛服装和实用型比赛服装。实用型服装设计比赛的评比标准是在实用基础上的艺术创新,它的获奖服装特别是普通实用型可以马上推向市场,促进消费,有较直接的经济效益;而创意型的服装设计比赛的评判标准是强调表现自我,要求风格突出,形式完美,有创意和鲜明的时代感。它把人对服装的欣赏,引导到更高的层次,给人以一种艺术美的享受,是一种把服装变为艺术品的升华。创意型的比赛服装不考虑在现实生活中任何场合穿着的可能性,但从服装的发展来看创意型比赛服装是比较常见和被频繁运用的。创意型的服装设计比赛是专业性极强的比赛,是考验设计师功力、能力与实力的竞争,世界上很多著名设计师都是以创意服装来创牌子而一举成名的。

一、创意型比赛服装特点

创意型比赛服装的设计重点侧重于审美和创新,系列为主,单独制作,通过服装充分表现设计师的创意,并运用面料材质、图案、制作手法等来强调服装的表现效果。这类比赛服装不仅可以进行学术的探讨、艺术的欣赏,而且在推动服装发展的同时又能选拔人才。其主要的特点表现如下。

(一) 强烈的舞台效果

强烈的舞台效果是创意型比赛服装所必须具备的条件之一。

创意型比赛服装不同于实用服装的特点之一是它讲究的不是服装的实用性,而是给人以视觉冲击力以及由此而产生的心灵上的兴奋和共鸣。当然细细体味实用服装精良的做工也可使人产生心灵上的愉悦,但却不可能唤发人的激情,如果把实用服装比作一位工匠的话,那创意比赛服装就好比是一位大师。

一幅好的服装画所强调的是强烈的形式感,这也正是服装画区别于时装摄影之处。服装画为了达到这种强烈的形式感,往往要借助于夸张人体的动态、夸张服装的造型。而创意的比赛服装为了达到强烈的舞台形式感效果,也要借助于服装色彩的铺陈、服装面料的变化,特别要借助于服装外轮廓的形式感。强烈的形式感可以通过平面的点、线、面的变化达到,但更要注重"体"的表现,强烈的体积感是达到强烈的舞台效果的捷径,"体"可以通过服装本身,如裙体、裤体、袖体等部位的变形来表达,也可运用面料、装饰等手段来达到同样的效果,再加之音乐的陪衬、服饰配件的烘托、模特的演绎,才可创造出一个完整的有着强烈形式感的舞台效果(图 5-1)。

图 5-1　2012"汉帛杯"金奖作品

图 5-2　灵感来自于甜甜圈的比赛服装,造型夸张,注重舞台表现

(二) 新颖的服装材料

作为创意型的比赛服装,面料在其中的灵活运用起到非常关键的作用。如果面料的选择跳不出常规圈子的话,是很难创造出动人的、给人强烈视觉冲击力的、体现设计师艺术风格的服装

来的。其实解决这个问题的关键就在于设计师利用面料达到创意的功力了,利用新材料至少有以下几大好处:

(1)通过新型素材的运用,可以向评委展示设计师的想象力和创造力,而这正是创意性服装设计比赛的灵魂所在。

(2)借助新型材料(特殊材料),构成常规服装面料所不能形成的服装造型,特别是服装的体积感,往往要靠非常规的素材。

(3)新型材料可以达到常规材料所不能达到的肌理效果,但我们也需要注意在运用新材料的同时,要保证服装的方便、安全穿用性,不能因为材料的新奇古怪使模特穿着行走不便或不安全等,解决这个矛盾的关键是要创造性地利用新材料,使原本不适合制作服装的材料通过一定的处理,变得适合起来(图5-3)。

图5-3　2013"汉帛杯"金奖作品采用竹子为材料,通过炭火烤制等处理方式将竹片转化为服装装饰材料

(三)较少的实用性能

服装的实用性,是指现实生活中可以穿着的性能,不管是日常服或礼服,只要有可以穿着的时间、地点、场合,就可称之为有实用性,而创意型的比赛服除了在舞台上展示之外,在平时日常生活中是不可以穿着的。创意型的比赛服装如果过多考虑服装的实用性的话,设计就会受到很大的限制,光是强烈的舞台效果和新奇的服装材料,已使其不具备人们日常生活中可以穿着的服装的特点了。不强调甚至不需要这类比赛服装的实用性就是为了让设计师想象的空间更大,这样也更容易分出设计水平的高下。但是服装必须要具有可穿性,不能束缚人体、扭曲人性、妨碍活动,如果服装新奇到是一堆无法穿上身的废铁,就无法称之为服装了。较少的实用性,使得创意型比赛服装较少受流行因素的干扰,流行色、流行的外轮廓、流行面料等这些实用装所不得不考虑也更是不可缺少的因素对它们并不是必须的。

(四)完美的系列效果

服装的系列感是指一套服装本身的色彩搭配、造型结构、面料运用合理之外,服饰配件的运用也能烘托服装所表现的主题,包括帽饰、耳环、鞋、包、手镯、道具等。如果服装是一个系列的,那还包括一个系列中各套服装之间的色彩配置,造型配置,面料搭配,配件安排是否合理和富于美感等(图5-4)。

(五)充分的文化内涵

充分的文化内涵包括两方面:一是传统文化的挖掘,二是现代文化的挖掘。用服装作为载体,表现传统文化中的精髓,是创意型比赛服设计思路的突破口,往往服装的形式是现代的,甚至可以说是前卫的,但点睛之处恰恰是传统的东西。比如我国民族民间服饰中的服装结构、轮廓造型、色彩组合等就有很多完美的形式可以借鉴;又比如我国传统的艺术形式如皮影戏、剪纸艺术以及原古壁画等都是服装艺术创作的源泉。在创意型比赛服装中融入这些传统的东西既可以完美服装的形式，又可以弘扬本民族的文化(图5-5)。

图5-4　通过色彩、材质、造型、配饰等构建完整的系列感

图5-5　弘扬畲族文化的"畲族服装设计大赛"作品

但是，需要注意的是在传统文化中寻求创作灵感的时候，不可以照搬照抄，不能生搬硬套地把传统的东西当作标签贴在服装上，传统文化的挖掘要讲究一个"化"字，要以现代的形式"化"入作品中。

现代艺术的借鉴也是创意型比赛服设计的方法。在设计中，如果过多地从传统中去寻找灵感，容易使人陷入历史的怪圈中，使本该轻松愉快的服装变得过于沉重。比如像一些媒体对福娃的评价一样，称其背负了太多的历史，使设计变得那么的不轻松，因此我们更应该从现代艺术中汲取营养。所谓的现代艺术，包括现代风味的建筑、室内装饰、现代派绘画等。在运用现代艺术进行思维创造时，要善于利用横向思维的方法激发创作灵感。所谓横向思维，是指对事物各个侧面或不同事物间的分析与思考。世界上许多著名服装设计师就是在当代文化艺术流派的不同风格中找到现代派艺术与时装设计的必然联系，使服装多了一丝情趣。

总之，创意型比赛服装的设计要从文化内涵上去挖掘，因为如果仅仅是设计可穿用的实用服装，仅仅从服装本身去思维的话，其外延实在太小，所能发挥的余地太少，而充分的文化内涵往往是创意型比赛服装致胜的法宝，国内外众多的参赛者也正是在这方面作了努力才取得好成绩。

二、实用型比赛服装特点

实用型比赛服装强调其实用性，以成衣服装为主，追求面料品质的优越、工艺的精良。该比赛的作品需要符合市场需求、人们的着装习惯和流行趋势，一般具有较强的系列感。

（一）优良的做工与面料

实用型比赛服着眼点在实用上，不但要有可穿性，而且要让人穿得舒服，这类比赛服装在做工上的要求与质地精良的成衣是一样的。优良的做工包括各项技术指标合乎规范，该用人字车的用人字车，该用双针车的不能用单针车，单位长度针数为60的不能40，应该归拔的地方不能省去，所有的毛边都应该码边等；要求服装板型贴切，做贴身设计要敢于下剪刀，容不得半点余量，省道的处理要既美观又准确等，缝制完成之后还要有不厌其烦的修改。当然，也包括面料的审美在内。我们可以从面料的印染技术、面料的后整理技术中去评判面料的优劣，尤其是当今，服装好坏的竞争甚至可以说是面料好坏的竞争。实用型比赛服的面料虽然不能像创意型比赛服装那样随心所欲，但也还是要讲究有新意，应该努力打破材料单一造成的视觉单调（图5-6）。

图5-6 传统丹宁面料塑造体现空间感的新型廓型

图5-7 实用型服装比赛中出现的符合近几年流行趋向的"落肩大廓型结构"

（二）流行与个性的结合

实用型服装作品因为处于可穿性、实用性的目的，所以与人们的生活方式、消费心理相关联。实用型的比赛服装虽然可以暂时游离开"流行"以外，展现设计师自己的设计意图。但毕竟针对的是心怀"实用主义"的人群，所以，即使是为比赛而设计的实用服，也必须有较强的流行感，但是如果参赛服装都是当季的流行款，那么就成了街边橱窗的陈列，设计师的创造力就表现不出来。因此，在实用型比赛服的设计中，个性是灵魂，流行是手段，只有把两者结合起来，才是较理想的设计（图5-7）。

（三）较强的系列感

较强的系列感包括两方面：一是指单套服装的完整性，二是指每套服装之间的系列性。前者单套服装的完整性要从一套服装本身色彩搭配、造型结构、面料运用合理考虑，使其具有整体美感，服饰配件如帽子、耳环、鞋、包、手镯、道具等运用合理，能够烘托服装主体，创造气氛；如果比赛要求制作两套以上的作品,那么,就存在每套服装之间系列感的合理安排了,除了每套服装本身的完整性外,还包括各套服装之间的色彩呼应、廓型安排和面料分配,也包括配件分配的合理协调性,充分体现服装间的系列感(图5-8)。

图5-8　马赛克图形贯穿于四件服装中打造比赛服装的系列感

(四) 严格合理的工艺要求

由于实用型服装比赛考验的是设计师针对市场进行设计的能力,所以常常要求设计出来的服装能够批量生产,这就要求比赛服装在设计上不可有在机械化流水线作业中无法达到的细节,也不可以有违反流水线作业前后次序的工艺顺序。当然,这一方面束缚了设计师的手脚,却又从另一方面考核了设计师对实际操作了解多少的程度,服装不是在稿子上画就可以完成的,必须能合理地制作成品(图5-9)。

三、比赛服装共同特点

从上面的阐述可以看出,系列感是其共同的特点,这也正是比赛服独特之处,考验设计师的个人设计风格能力水平外还要看整体搭配能力,其要一定的数量要求。系列比赛服装的构成,至少应有两套及两套以上的服装所组成,一般大赛要求为3～5套这样的小系列,主要考核参赛者能不能把握系列感设计,参赛者必须运用"系列手法"去设计完成系列服装。系列比赛服装的规模主要是受作品的内容、形式以及大赛所规定的因素的制约,当然,规模越大,给人的视

图5-9　在传统大衣工艺上稍作改变增加袖部创意细节

觉冲击力就越强,展示效果也会更加丰富,但是规模越大设计难度就越大。需要注意的是在把握系列感共性的同时也要充分展现个性,两者相辅相成,共同组成优秀的参赛作品。共性在系列比赛服装中是很重要的要素,它是一组系列服装的整体灵魂所在,是存在于一个系列的各个单套服装上的共有元素和形态相似性,是系列感形成的重要因素。系列服装共性的形成,最关键的是作品共有的内在精神,包括共有的主题思想、统一的情调和艺术风格,在具体的系列服装构成当中,共性的体现往往借助于相同的面料、相同的造型以及相同的装饰、色彩、标志、纹样、工艺处理手段、表现手法和服饰品等来实现。系列比赛服装虽然十分强调系列感,但服装的个性往往也是展示其真正魅力的重要因素,个性通常体现在每一单套服装的个性特征上,即每套服装的独特性和异它性,而个性往往体现在构成单套服装的各个方面,包括形态、款式、造型、面料的构成形式上都可以出现形状、数量、位置、方向、比例、长短、松紧的不同来体现,但特别要注意的是在兼顾共性、保证个性的同时,还要注意单套服装本身的形式完整或形式美,这样才能使系列服装能更加尽善尽美。

四、比赛服装分类

比赛服装的分类是根据其不同的服装设计比赛来划分的,不同的比赛要求有不同的服装来参赛。服装设计比赛的角度不同有不同的分类,不同类别的服装设计大赛就要求用不同类别的比赛服装,所以比赛服装的分类即先要了解各类比赛的分类。

(一)从大赛的宗旨上区分

主要有艺术创意类设计比赛,如"汉帛杯"服装设计大赛(原"兄弟杯"服装设计大赛);市场实用类服装设计大赛,如"真维斯"服装设计大赛;还有是兼顾型服装设计大赛,如"大连杯"中国青年时装设计大赛。

(二)从服装类别上区分

按服装类别来分,有时装设计大赛、职业装设计大赛,如"纳什杯"职业服装设计大赛、"宝鸟杯"职业服装设计大赛;休闲装设计大赛,如"真维斯杯"服装设计大赛;男装设计大赛,如"益鑫泰"男装设计大赛、"中华杯"男装设计大赛;女装设计大赛,如"虎门杯"服装设计大赛、"茗牌"女装设计大赛;皮革装设计大赛,如"真皮标志杯"中国裘皮大赛;毛皮服装设计大赛,如中国国际青年裘皮服装设计大赛;羽绒服装设计大赛,如"雅鹿杯"服装设计大赛;毛织服装设计大赛,如"三利杯"服装设计大赛、全国毛织服装设计大赛;牛仔服装设计大赛,如"威鹏杯"服装设计大赛;童装设计大赛,如"中华杯"童装设计大赛、"中国·织里"全国童装设计大赛;泳装设计大赛,如"浩沙杯"泳装设计大赛;内衣设计大赛,如"中华杯·安莉芳"内衣设计大赛、"欧迪芬杯"内衣设计大赛;婚纱礼服设计大赛,如"名瑞杯"中国婚纱、晚礼服设计大赛;唐装设计大赛,如"衡韵杯"服装设计大赛;首饰配件类设计大赛,如巴黎国际青年设计师首饰设计大赛、中国黄金首饰设计大赛;服装绘画大赛,如"中华杯"国际服装绘画大赛、"天意杯"服装绘画大赛等。

(三)从举办单位来区分

有中央部门单位举办类设计大赛,如"CCTV杯"服装设计大赛;省市单位举办类设计大赛、服装专业单位举办类设计大赛,包括服装企业、服装媒体及服装院校等,如"中国国际师生杯"服装设计大赛、服装名校学生作品大赛、"绮丽杯"全国知名服装院校邀请赛、中国服装设计师生作品大赛;联合举办类服装设计大赛,如"YKK·东华杯"研究生服装设计大赛。

（四）从大赛规模上区分

有国际级别的服装设计大赛、全国性服装设计大赛、地方性服装设计大赛和行业团体类服装设计大赛等。

（五）从服装的艺术形式来区分

从服装的艺术形式来划分服装设计比赛类型可分为两类：创意型比赛服装和实用型比赛服装，上文已详述。

第三节　比赛服装面料特点及分类

在比赛服装中面料是实现服装造型特征和服装色彩魅力的最佳表现元素，也是最能够展现参赛者意图以及创新思维的设计元素。设计师往往会通过面料的创新应用或二次设计来获得新颖的设计构思与作品。所以在介绍服装设计方法之前，把比赛服装的面料特点和分类单独展开详述。

一、比赛服装面料特点

在面料的选择上，一般着重考虑赋予设计作品的艺术表现效果，强调服装视觉冲击力和独特鲜明的艺术风格，特别是创意型比赛服装，可以不着重考虑其服用性能。故对于服装设计师来说，凡物皆可作时装材料，只有准确把握好各类材料本身具有的性能及所表现的风格，才可以将所能想象得出的一切物件都挪移到模特身上，包括塑料、玻璃、木头、兽骨、纸、钢片、铝片、青铜、羽毛（图5-10、图5-11）。

图5-10　采用PVC塑料材质的外套增加上装的层次感

图5-11　腰部铁丝塑造立体结构起到画龙点睛的作用

比赛服装的面料除了大胆创新以外，还要注意用材的恰如其分和夸张的恰到好处，切忌生搬硬套、胡乱堆砌或不进行材料加工而粗制滥造，造成作品幼稚和粗糙的效果。把握好材料的应用是作品成功的关键要素之一，也是初入门设计者较难跨过的门槛。因此，正确地选用材料，并呈现材料美，是一位设计师的基本功。设计者必须围绕设计主题，反复摸索，反复推敲，把握作品的艺术效果和整体和谐的关系。一些特殊的材料要别出心裁地予以加工完善，使其相对合理地穿在人体上，才能在众多比赛服中显得独特（图5-12、图5-13）。

图5-12　21届"汉帛杯"参赛作品，组合应用常规材料和非服用材料塑造立体空间效果

图5-13　21届"汉帛杯"参赛作品，恰如其分和适当夸张地应用面料塑造服装廓型

二、比赛服装面料分类

比赛服装面料可分为服用面料和非服用面料两大部分。大多数比赛服装都采用服用面料或间接采用服用面料（与非服用面料结合）。服用面料更贴近服装内涵，能更舒适地穿在人体上。利用面料的质感和可塑性体现服装的造型，使面料材质和服装设计风格两者完美结合，相得益彰。这里我们按不同材质面料的造型特点以及在服装设计中的巧用情况介绍如下。

（一）服用面料

1. 立体型面料

立体型面料，如绉绸、摇粒绒、灯芯绒、仿阿斯特拉罕羔羊皮的毛织品等。外表形状有变化，如有凹凸、绫纹、绒毛等的面料。在设计中若采用立体型面料时，必须尽量使用简单的设计，使材质发挥其原有的风味，如薄型绉绸等面料会因经典保守型轮廓的设计而散发出稳重高贵的气质，同时在缝制加工时亦须注意，加工不宜太复杂，尤其是在处理缝边、翻边、折边时不要影响到其本来外表，注意结构线设计，使其不要影响整件服装的完美（图5-14）。

2. 平面型面料

平面型面料，如细麻纱布、巴厘纱、纯白纺绸、缎子等，表面形状平伏没有变化。在设计中若采用平面型面料时，可以运用褶皱、剪切、折裥、撞色等工艺技法来达到很好的外观效果。质地柔软的材料若用斜裁的布条则更能显现波浪、荷叶般的风采，再加上立体感而使面料富有变化，即使是透明轻薄的材料也能因大量的使用这些手法并组合重叠起褶皱而达到新颖的设计效果（图5-15）。

图5-14　2012"威丝曼"中国针织时装设计大赛，立体型针织面料结合简单廓型

图5-15　斜裁薄型圆机针织物塑造下摆自然波浪效果

3. 挺廓型面料

挺廓型面料，如亚麻布、棉布、涤棉布、咔叽、华达呢、灯芯绒等。外表天然硬挺，造型线条清晰而有质感，能形成丰满的服装轮廓，给人以庄重稳定印象的面料。在设计中若采用挺廓型面料时，能设计出轮廓鲜明的、合体的服装，可突出服装造型特有的个性和精确性，也可以用细皱纹和褶裥设计形态丰满的衣服、蓬松的裙子等。一些夸张的领型和袖型也可用挺廓的面料来制作，从而获得最佳的塑型美感（图5-16）。

4. 光泽型面料

光泽型面料，如皮革、锦缎、塔夫绸、丝绸等。表面光滑，能反射亮光，有熠熠生辉之感和反射光线的作用。其表面闪闪发光，会使人联想到优雅华贵，而皮革、涤纶闪光织物，其代表高科技的光泽感反光点极强，并有视觉冲击力和时空感，适合用来设计前卫、未来、科技型的时装（图5-17）。

5. 无光泽型面料

无光泽型面料，质地蓬松，粗糙但又柔软，质地比较厚实挺括，如粗麻等。该类型面料适用于表现乡土、原始、历史等主题的大赛或要表现男性直率、自信、有力量风格的男装设计大赛。因其表面有凹凸不平的成分，使光线反射紊乱，因此形成无光泽的表面效果，能充分表现随意、朴素、自然、朦胧、深邃、原始的设计风格（图5-18）。

6. 轻薄型面料

轻薄型面料,包括各类透明纱,如乔其纱、蝉翼纱、化纤雪丝、雪纺等,在设计时可运用其特点,表现梦幻的、轻盈的、优美的、浪漫的主题。薄透柔软给人朦胧的神秘感,再配以层层叠叠的结构和搭配不同的色彩感觉,还可以通过面料的透明度,使人体的肌肤若隐若现,产生迷离朦胧的美感(图5-19)。

图5-16　空气层面料可以塑造挺阔廓型和夸张的细节

图5-17　光泽型面料塑造未来感设计作品

图5-18　粗糙质地的棉麻材质塑造自然风格服饰

图5-19　薄透材质体现服装的朦胧含蓄美

7. 厚重型面料

厚重型面料质地厚实挺括，有一定体积感，能够产生浑厚稳定的造型效果。这类面料有粗花呢、大衣呢、毛皮等厚型绒和纤维织物。厚重型面料一般有形体的扩张感，用于创意类服装，有增加体积感和分量感的作用，容易产生夺目、大气的视觉印象（图5-20）。

8. 伸缩型（弹性）面料

伸缩型（弹性）面料，包括针织面料、尼龙、莱卡，或者是前面的三种面料同棉、麻、丝、毛等混纺织成的面料等，适用于体现人体曲线的紧身型时装风格（图5-21）。

图5-20　厚重的毛呢面料塑造浑厚稳定的服装造型

图5-21　针织弹性面料体现人体曲线美

9. 柔软型面料

柔软型面料，如丝绸中的双绉、软缎、丝绒和纱洗电力纺等，质地轻盈、飘逸、柔和。因为柔软型面料较轻薄，悬垂性好，造型线条光滑、流畅，所以可以拿它用于宽松型和有褶裥造型的设计，还可做有层次的造型（图5-22）。

（二）非服用材料

由于中国大部分服装设计大赛都以创新为评判标准，所以创意型比赛服装是比较常见和被频繁运用的，在这些作品中通常就会运用到非纺织、非服用的材料，它们和常规服用面料搭配甚至完全采用非服用材料，让人耳目一新甚至"惊骇"的视觉效果是比赛服装的一大设计要点。但必须注意在运用非服用材料时要着重考虑其可加工性、可塑性、材料搭配合理性等问题（图5-23）。

图 5-22　柔软面料很适合塑造多层次、宽松型服饰　　　图 5-23　非服用材料在服装中的应用可以起到点睛之笔的作用，成为整套服装的亮点

主要非服用材料及其所具有的特征，如玻璃有水晶梦幻般的、永恒的效果，木头能表现民间的、古朴的、墩实的、原始的效果，兽骨能表现粗犷的、原始的、野性的效果，纸材质的运用有趣味的、艺术的、美好的感觉，钢片、铝片表现高科技的、冷酷的、太空幻想的效果，羽毛材料的运用有野性的、原始的、民间的效果，PVC、POE、EVA 等透明材质的运用能表现科幻的、怪异的、性感的效果，草编有一种自然的、乡村的、野趣的效果，铁片有深沉的、力量的效果。

科技的飞速发展使得服装面料跳出了固有的范围，只有充分了解并掌握各相关领域的发展动向，才能开拓设计思路，创造出"不同凡响"的比赛作品。虽然比赛服装的用料几乎不受限制，但它仍然离不开穿着适体、便于人体活动等服装特性的限制和要求。由此也决定了比赛服装在制作材料的选择上，必然是以服用面料为主要材料，或是与服用面料的结合和搭配，因此除了要注意这些特殊材料的外观风格表现和可塑性外，对服用面料的了解和把握也非常重要，这就要求我们对面料原有的属性、新的功能和价值要有深刻的认识和把握，使面料不仅在视觉上和功能上表现设计含义，更在观念上加深设计的文化内涵。例如，世界著名时装设计师三宅一生（ISSEY MIYAKE），他在服装设计中充分运用面料的特点，创造和发展了自己的独特的面料语言：肌理——褶皱，形成一种强烈的材质效果。在面料的设计上，他以独特的创造精神研究面料的肌理与质感，使他的设计被认可，获得了成功。

第四节　比赛服装设计方法

比赛服装毕竟不同于静态展览和成衣出售,观赏者可以慢慢的欣赏,去感知设计师的意图。比赛服装是在比较中进行优胜劣汰,往往只能通过很短的时间来展现作品,所以提高作品的视觉感受度是保证角逐到最后的有效方法之一。我们可以通过对面料、造型、色彩和一些辅助因素的综合运用来提高作品的可视形象,最大程度地展现设计师的创意。

一、面料运用

在了解比赛服装面料的特点和分类以后,本节着重介绍比赛服装面料的运用手法。面料的灵活运用可以在比赛时达到强烈视觉冲击力和吸引力的效果,具体的运用手法可以采取以下两种方式。其一,可以从整体上把握,即面料为整组服装的共性来产生系列感从而达到强烈视觉效果;其二,可以通过局部上的创新,即运用面料的"变化"来达到强烈视觉感。具体如下。

(一) 面料为共性系列设计

比赛服装通常都有数量要求,系列比赛服装的构成,至少应有两套及两套以上的服装所组成,一般大赛要求为3~5套这样的小系列,系列感运用得好坏将直接影响参赛成绩,从面料方面来考虑的方法如下。

1. 相同材质的系列设计

当材质相同、色彩也相近时,可变化的设计元素为轮廓造型、结构线、服饰品以及饰物搭配部位,亦可用强调面料材质与肌理质感的对比进行各种组合变化,以突出系列装的个性要素。

2. 不同材质的系列设计

不同材质的系列设计是强调材质变化的设计方案,应在设计中尽可能展现材质质感的差异性,让每套服装面料品种的量不变,而着重在面料用量的多少和位置排列进行变化,使之形成面料组合的系列感。强调变化中求统一,或多种材质的对比组合,在色调和风格上求得统一。

3. 近似图案的系列设计

这是以突出面料中的图案风格为主的设计,它追求纹样细节的变化,或通过印花、刺绣、织绒等工艺的变化,或类似民间剪纸的工艺风格,或采用明暗阴阳的变化来强调个性要素,但在系列服装设计中其他元素应该基本上保持一致。

(二) 面料创新个性设计

比赛服装的面料要求具有新鲜感、个性和表达力。"新鲜感"是指面料的创新材质、独特色彩等;"个性"是指面料要具有与众不同的性格特色,面料个性的形成,通常是由面料的纤维原料和加工工艺、手段所决定的;"表达力"是指面料所具有的可塑性和传达设计思想情感的潜在能力,因而,面料的薄厚、软硬、刚柔、轻重、弹力、强力、张力等因素,必须符合于比赛服装创意款式造型的需要,并具有极强的可塑性和可以再创作的空间。

比赛服装因主题表现的需要,常常不满足于从市场选购的服装面料原有的外表状态,而要进行进一步的加工和改造,使其变成既带有强烈的个人情感内涵,又独具美感和特色的材料。通常采取的方法如下。

1. 面料自身肌理变化组合设计

在比赛服装设计中,服装设计师为了充分表达自己的情感和设想,在符合构思和流行需要的基础上,经常对采用的面料进行创新设计,塑造出具有强烈个性特色的别致肌理形态。

对面料肌理的创新设计,可以改变原有面料的面貌,如使平面的面料具有立体感,静态的面料具有流动感,传统的面料具有现代感,陈旧的面料具有新鲜感,轻薄的面料具有厚重感,单纯的面料具有节奏感,一般的面料具有独特感等。这种面料肌理的创新设计能开阔设计师视野、启发设计师构思及激活设计师灵感,并把现代服装设计推向了一个更为广阔的领域。

对面料肌理进行创新设计时,应以面料为主题,在利用其性能的基础上,因材制宜地展开丰富又有创意的设想,采用各种工艺手法,对面料进行二次艺术加工,创造出新型的肌理,如流动的线条,不规则的点、线、面,规则的几何图形,变形花卉等。一般选择弹性好、可塑性强的轻薄型或稍厚一点的面料进行肌理创新设计,如素绉缎、塔夫绸、双绉等丝绸面料,驼丝锦、凡立丁等薄型毛料,柔软的皮革和各种化纤混纺或仿真丝面料等。常用的肌理变化造型手法有抽褶、镂空、贴补、缉带、起筋和抽纱、多层次褶皱、扎结、贴附、镶拼等,具体方法如下。

抽褶

抽褶是指利用松紧带、缝纫机或手针,使面料的某些部分抽紧,从而使面料表面产生有规律的松紧和起伏变化。

镂空

镂空是在时装的适当部位,用剪子、刻刀或专用机械设备在面料上刻、雕或剪裁出想要的图案,以改变面料原有的外观。

贴补

贴补是把另外一种颜色或材质的面料,按照所需的形状剪下,并贴补到时装面料表面的方法,俗称打补丁或补绣。贴补分立体贴补和平面贴补两种:立体贴补是在贴补面料下面加一层泡沫或填充一些腈纶棉;平面贴补则是平贴在时装裁片上。

缉带

缉带是指用缝纫机把丝带缉缝在时装面料表面的面料再造方法。丝带是由织带机织成的装饰带,有各种颜色和不同的宽窄,可充分利用丝带的曲折、盘、绕等手段,充实面料表面的效果。缉带在单色面料上进行效果最好。缉带与面料同色时服装精致大方,与面料撞色可以使得服装显得活泼、个性。

起筋和抽纱

起筋是指利用缝纫机,在面料表面的某些部位,缉缝出凸起的一条条棱状形态的面料再造方法。要注意,缉缝时要打好倒针,以防开线影响效果,常用于内部有填充物的面料或复合面料,如潜水服面料等;而抽纱正好是和它相反的一种方法,在原有的面料上找出经纬纱线,将其中的经线或纬线部分抽出,以改变原来面料的单一性,多用于牛仔面料。

多层次褶皱

多层次褶皱是指用手针随意地把面料的某些部分缝合在一起或层层折叠,使面料表面出现有规则的松紧和起伏。

扎结

扎结是指把扣子或棉花团放在较为柔软的面料下面,再在面料表面对其进行系结,从而在平整的面料表面造成一种类似浮雕般凸起的纹理的面料再造方法。

贴附

粘贴是指用强力粘剂，在时装表面粘贴一些丝带、人造水晶、塑料、金属等装饰物品，以改变面料原有的外观的方法。

镶拼

镶拼是指把面料一条条或一块块地裁断，再利用面料的正反、倒顺，或是加入其他颜色或其他面料进行拼接，从而使单一的面料变得丰富。

刺绣

这里所指的刺绣不单特指丝线的刺绣，还包括各类材质的灵活绣缀，比如丝带、水晶、剪碎的布料等。

这些方法改变丰富了原有材质特色，使面料具有律动感、立体感或浮雕感的新颖别致的肌理，与原来平面的面料形成鲜明的对比，极富有含蓄大方、质朴自然的服饰美感。时装设计师三宅一生非常擅长运用服装面料肌理，他将面料肌理独具匠心的处理，对造型的补充作用发挥到了极致。如三宅一生在标有"几何空间"的系列服装中，运用拓扑理论，采用定型的折裥面料，克服了面料自身的悬垂性，使之既具有几何外观的空间效果，又不失面料的韧性特征，创造出一种赋予"简单"空间的和褶饰工艺美的新的审美意境。

2. 面料表面平面创新变化

面料表面平面创新变化是改变单一面料表面效果来丰富设计需要的手法，主要有染色、印花、手绘、喷绘以及褪色、磨毛、水洗等做旧方法等，具体如下。

染色（包括手工扎染）

染色是指把采购来的面料，尤其是白坯布，进行手工染色，使其达到设计想要的色彩，适合于手工染色的染料，以从商店就可以买到的直接染料为主，棉、麻、丝、毛、人造丝等面料是直接染色最适合的面料。目前，国内设计师品牌或东方风格的服饰品牌中，较为流行采用此设计手法，让面料更富有艺术感，体现写意、自然的创作风格，如例外、江南布衣等。三宅一生推出的手工扎染（tie dye）的浸染（dip dye）工艺衬衫及将面料处理得薄如宣纸，用作缠绕起皱的马甲等，款式虽简单，但面料肌理与服装造型的完美结合，令服装界的同行们叹为观止。

印花

印花包括丝网印花、电脑印花等，这里主要指丝网印花，因它灵活便利、易于操作且所印花型规则，是印染厂传统的手工工艺，其是一种在轻薄的丝织品上制板印花的方法，较适合少量时装的手工印花。

手绘

手绘是用画笔、毛刷等工具，直接把一些合成染料或丙稀颜料涂画在面料表面的绘制方法。优点是可像绘画般地勾画和着色，对图案和色彩没有太多限制，只是不适合涂着大面积颜色，否则，涂色处会变得僵硬，手绘一般是在成衣上面进行的。

喷绘

喷绘是指借助于一定的工具在时装面料表面喷上许多色点，利用色点的疏密变化表现各种图形或图像的面料再造方法。喷绘分为手工喷绘和电脑喷涂两种：手工喷绘是利用牙刷、油画笔或喷枪，把调好的合成染料或丙稀颜料喷涂在面料的表面；电脑喷涂是借助于专门的电脑喷涂设备,把所要喷涂的图像喷涂在时装面料上。电脑喷涂的效果要比手工喷绘细腻、准确、逼真。

褪色、磨毛、水洗等做旧

利用褪色、磨毛、水洗等手段,使面料由新变旧,从而更加符合创意主题和情境需要的面料再造方法,做旧分为手工做旧、机械做旧、整体做旧和局部做旧四种,根据具体设计要求分别对待。

3. 面料组合肌理的运用

单一面料肌理的处理及运用在表达作品主题或体现个性方面,有时会显得"力不从心"。这时候就应该考虑面料组合肌理的运用了。实际上许多服装设计师为了更好地诠释设计理念,往往会采用组合或镶拼的方式将两种或两种以上具有明显不同肌理的面料组合搭配在一起,对面料进行粗与细、轻与重、硬与柔、厚与薄、滑爽与粗糙、平整与起伏、细腻与粗犷、艳丽与古朴等的对比,来增强服装的造型美感,构成形态丰富的层次,使服装散发出独特的艺术魅力。如日本高级女装设计师川久保玲问世于1991年的一套时装,是由轻薄透明的黄色上衣、胸前密集地散落着轻柔的花朵般立体细褶的橙色衬衫和用松软厚重的绗缝材料制作的白色短裙组合在一起的。其色调和谐统一,既具有很强的整体感,又不乏面料肌理上简洁与繁复、轻薄与厚重的对比,充满了朝气和活力,洋溢着青春的气息。

(三) 面料对比运用设计

面料对比运用在比赛服装设计中也是一个有效的方法,又称对比设计,即将两种或两种以上的不同轻重或不同质地或不同外观效果的面料作对照,互相衬托以突出设计风格。例如,厚重型织物与轻薄面料的组合,透明、半透明与不透明的组合(裸露、若隐若现与封闭结合造成的神秘感),或者是镂空针织物、抽纱、网状织物与其他细密组织结构面料的组合,在展现人体自然线条美感和宗教风格回归同时流行的服饰潮中,用这种手法能够缓冲开放与压抑之间的矛盾。有针织与梭织、针织与皮革、毛与皮革的对比,麻粗纺、手纺、草织席与丝绸、罗缎及细致的针织物的对比等方法。

二、造型运用

要想运用造型来达到强烈的视觉冲击力和吸引力,可以采取以造型为整组服装的共性来产生系列感或借用传统造型创新产生的夸张造型来达到强烈视觉感两种方法,具体如下。

(一) 造型为共性系列设计

一般以突出或夸张的造型作为设计的重点,在材质选择上,较多地考虑与造型的效果相关的元素;在色彩的选择上,可以有较大的变化,但一般要成系列,多色相同明度的变化、同色相不同明度的变化以及对比、补色的应用等都要考虑系列组合的协调美。

服装的外轮廓线是强调整个立体造型特征的线,它决定着服装造型的主要风格。系列服装轮廓造型一般通过几何形状来组合变化,服装的外轮廓概括起来有:H型、A型、O型、X型、Y型。

(二) 传统造型创新设计

这种方法是指可以通过借助从常规的服装模式出发,在现有的人们习以为常的服装款式框架中推陈出新,将它在制作工艺上进行标新立异或局部夸张,或分解重构某一常规的形态、位置和数量等来获得新的形象从而达到给观者强烈视觉效应。其中常规的服饰形式基本上可分为缠绕式、系节式、包裹式、披挂式、贯头式五种(图5-24,图5-25)。

缠绕式,是指以面料围着人体进行缠绕为主要手段,把人体的躯干、颈部、上肢或下肢多层缠裹起来的方式;系节式,是指利用颈部、胸部、腰部等人体部位进行系结,把时装穿在人体上的方式;包裹式,也称开合式,是指利用前开、侧开或后开的方法,把较为适体的时装呈包裹状地穿着在人体上的方式;披挂式,是指以肩部为支点,把时装披搭或围挂在人体上的方式;贯头式,也称套头式,是指时装前后片完整地连接在一起构成筒状,穿着时需要把头套在里面,再从领口处钻出来的方式。

图5-24 超大型围巾在领部的包裹方式塑造自然的褶皱效果,成为一种体的构造

图5-25 领部面料的堆积形成不规则自然的立体效果

可以从这些常规的服饰形式出发,选择其中一种形式作为构思的方向,通过借用一些特殊的面料和材料运用或采用立体构成艺术手法,如堆积法、抽缩法、缠绕法、编织法、折叠法、绣缀法。将其变形或夸张力求更加合理、更加巧妙地把这一形式的特色和优点表现出来,创造出一种独特的情趣和意境。具体手法如下:

堆积法,是利用材料的剪切特性从多个不同方向对布料进行挤压、堆积,以形成不规则的、自然的、立体感强烈的皱褶;抽缩法,是将布料的一部分用缝线缝合,然后对布料进行抽缩使之形成皱褶,从而产生必要的量感和美观的折光效应的立体造型构成方法;缠绕法,是将布料有规则地或随机地缠绕在人体上,利用布料的弹性在布料的折边上形成立体感强烈的布痕的方法;编织法,是将布料折成布条或缠绕成绳状,然后将布条、布绳这类材料用编织形式做成具有各种美观纹样的衣身造型,若辅之以其他的方法如折叠、抽缩等,则能做成具有雕塑感的立体造型的方法;折叠法,是将布料的一部分按有规则或无规则的方法进行折叠,用大头针固定后将折叠的部分打开,形成富有立体感、体积蓬松的外观造型,若与其他方法做成的造型组合起来,则会形成轻松、奇特、妙趣横生的艺术效果的方法;绣缀法,是利用材料的弹性,通过手工绣缀形成凹凸

立体感强的纹样,并将这些纹样装饰在服装的领、肩、腰等部位。当然我们也可以灵活地将几种工艺手法结合使用,设计出妙趣、灵气的优秀作品。

三、色彩运用

色彩就像音乐一样能体现设计师抽象、优雅、悲壮、崇高、滑稽等情感,赋予服装以不同的气氛和情趣,使人们在一种色彩气氛与质感的默契交融中感受或体验各种情调。通过色彩的灵活运用达到整组比赛服装的系列化是又一种比较有效的途径,运用色彩来达到强烈的视觉冲击力和吸引力,我们可以将相同色、近似色、渐变色彩和对比色彩灵活运用,具体如下。

(一) 同色运用的系列设计

用同一色彩来组合的方法是最容易产生共性要素的。运用的方法可以是颜色的明度一致或颜色的色相一致,但这样也容易使人感觉单调,故常通过变化其他元素来取得视觉的调和。以款式结构、材质、装饰等的变化来突出每款服装的个性要素,其中主要是材质变化或服装结构变化手法的运用。

除了同一色彩的系列设计,相同的色彩组合在服装系列设计中也被广泛采用,它是将2~3个颜色在系列中的不同服装上搭配组合出多种效果。在系列中,每套服装的主色调或组合颜色的数量不变,而变化色彩组合的位置或色块、面积的大小,以同样的配色数、不同的配置手段,来达到群体变化丰富的效果。设计中着重突出色彩的配置手段,而服装中其他元素则变化较少或采取不变化的方式。其中主要体现搭配手法的多变手段,当然也要注意搭配形式的美感。

(二) 近色运用的系列设计

从色彩配置效果来说,近似色彩的配置要比相同色彩组合的方式富于变化。近似色是指色环上位置相邻的颜色,他们是色彩混合的基础,也是色彩弱对比的设计素材。如红色和紫红色、黄色和黄绿色都是近似色。在系列服装设计中,要突出色相中那些偏暖、偏冷、偏明、偏暗的色彩组合。配色中可以用色环上位置间隔两两相等的三种颜色混合而成的复色,以表示近似色彩组合中纯度的变化或突出近似色彩的组合效果,其他元素可略作变化或不变化。

(三) 渐变色与对比色运用的系列设计

渐变色彩的系列设计:色彩配置可以从明度渐变,如深蓝至浅蓝有多个明度色阶,色环中相隔90°两个色相渐变,如红至黄或绿至蓝有多个色相,或是色环上处于180°相对应的位置的两种颜色渐变,如橘红至深蓝色、黄色至紫色是互补色渐变。这种配色效果有节奏和韵律的美感效果。

对比色彩的系列设计:色彩配置可以从明度对比、色相的对比和纯度的对比考虑。当强调色彩的组合时,利用互补色是最理想不过的。西方圣诞节上一贯使用的红色和绿色为互补搭配,可以让人感受到互补色的作用,这类配色能产生视觉兴奋和动感效果。

四、辅助因素运用

有些辅助因素虽不是由比赛者去设计的,但作为整场比赛服装的展示,这些辅助因素设计者还都是必须要熟练掌握和运用的。

(一) 灯光

良好的灯光效果可以让服装展示出最佳的一面,可以烘托舞台气氛,还可以突出整个比赛主题。比如忽明忽暗的灯光增强了服装展示时想要表达的戏剧效果。

（二）配乐

早在1920年，就有斯坦利·马科斯为他每周的服装表演伴奏了。恰到好处的音乐不仅能使模特演绎出服装所要传达的意念，也能使观者对即将看到的东西感到兴奋。

（三）模特及表演模式

模特的表演模式是整场服装比赛的一个重要部分，因为模特的演绎可以给观者最直接地感受到设计师所要传达的设计意念。很多参赛者往往忽视这一点，在充分认识到这点后，可以很好地与本场的舞台编导沟通，传达你想要表达的设计意念。可以通过开场、步伐、模特在台上的排列造型、路线等来表达，甚至可以在开场增加简单的舞蹈演绎等。

第五节　比赛服装设计的灵感思维积累

灵感是指人们在创造活动中某种新形象、新观点和新思想突然进入思想领域时的心理状态。比赛服装设计同其他类设计一样，其灵感也源于生活，如设计者在生活中的感受而触发产生了灵感，再由灵感转化为构思，然后把这种构思予以表现，运用设计中的美学原理将构思与服饰结合起来，从而使设计成为高品味的艺术作品。

灵感来源于对生活的观察和体验，构思新颖、富有创意的服装设计首先依赖于设计师一双独特的慧眼，其次是丰富的想象力和组合能力。生活本身是无所不有、变化莫测的，"万花筒"式浩瀚的自然界和人类社会生活充满着时装艺术可以获取的素材和灵感。要善于从"千人心中所有"、司空见惯、习以为常的生活中，从平凡的事物中发现别人没有发现的美，经过筛选、观察和体验，常常会豁然开朗，突发奇想的设计意念闪现，艺术设计的灵感瞬间而来，当我们抓住这点不放，迅捷地以草图轮廓、文字最初的构思，再进一步补充、完善，会设计出别出心裁、独具一格的比赛服装。这里我们将其归纳为直接信息、间接信息和相关信息三方面。

一、直接信息

直接信息是一切直接与服装发生联系的事物、信息、资料等，是设计师获取时装信息的直接来源和主渠道。有服装博览会、服装图片、服装大师的作品、服装市场、民族传统服饰、民间服饰等方面，也包括服装专业知识和技能等。这类信息为最初的设计提供了款型依据、色彩组合、面料系类，在此基础上设计者对这类信息的成功部分加以分析和借鉴，通过夸张、变形等方法重新塑造一种设计元素，但仅仅把艺术构思局限于直接信息，往往容易使设计局限于现有的资料，习惯于翻阅、抄袭、东搬西移，有碍创造的正常发挥，使作品生硬，缺乏生命活力。

二、间接信息

间接信息是指那些看似与服装设计没有关系，甚至是风马牛不相及的事物，但它是设计师获得时装信息的间接来源。如大自然的形态、科学技术、各种艺术作品等，这样走出圈外，换个视角,则必能开阔视野,构思的灵感才会源源不断。将两种在现实生活中被空间和时间分开的事物及形态相结合,用另一种形象的特征补充这一形象,是设计师按照加工改造、接近对比和模仿等联想的规律在想象中完成的。同时可以通过模仿生物和模仿非生物的方法来将这些信息转化成构思从而实现设计。

(一) 模仿生物

模仿生物,包括模仿自然界中动物、植物的造型、色彩及纹饰。例如:法国的服装设计大师克里斯汀·迪奥(Christian Dior),在20世纪50年代设计的郁金香造型的服装,其灵感就来自郁金香花;法国的另一位服装设计大师伊夫·圣·洛朗(Yves Saint Laurent),曾经以蝴蝶、鸽子等动物为灵感源,设计出大量优秀的创意服装作品。这种方法也可以运用于比赛服装上。

(二) 模仿非生物

除模仿生物外,还可以模仿非生物,如自然界中的天体、大地、高山、流水乃至身边的食物、器物及建筑等,均可成为模仿对象。例如:法国服装设计师皮尔·卡丹(Pierre Cardin),他在20世纪70年代曾到过中国,中国西安的古建筑引起了他的极大兴趣,那对称式的建筑及翘起的房檐给他留下了深刻的印象,由此设计出仿中国房檐式的服装;著名服装设计师吴海燕、梁明玉及刘洋的创意服装作品,其灵感便源自地球仪、灯笼、围棋、国旗等非生物的,不胜枚举;我国历届"兄弟杯"大赛的参赛作品中,很多创意服装的设计灵感均源于此。

三、相关信息

包括存在于文学、哲学、音乐、绘画、雕塑、舞蹈及电影等方面和社会意识形态之中的思潮和观念。不同的民族文化及不同的历史年代发生的重大事件也可激发创作灵感。

第六节 比赛服装的设计流程

比赛服装设计的艺术创作过程同其他任何一种艺术创造一样,但也有其特有的方面,具体的设计程序按下面几个步骤展开。

一、获得信息

意欲参加服装设计比赛者可以从征稿通知中获取比赛信息,征稿通知通常会刊登在专业服装报刊杂志、专业网站等渠道。一些重要比赛每年往往会在比较固定的时段同时在数种媒体上刊登通知,一般这些通知会在正式比赛前4~6个月刊登;也可以去当地服装行业协会或服装设计师协会询问;或找到专业服装网站利用服装网站搜索引擎,这些网站通常会将比赛征稿通知发布在网页上。尽量通过这些渠道尽快获得全面的第一手征稿资料,"尽快"是为了给参赛者自己留有足够的设计酝酿和构思时间,"全面"是为了获得完整的比赛信息,不要因以偏概全而产生误解,错失良机。

二、了解大赛特点

每个服装设计比赛都有其特点,参赛者务必弄清该比赛的作品性质,究竟是创意装还是实用装,是休闲装还是运动装,不要张冠李戴,因为如果文不对题的话再出色的作品也会名落孙山。不同类别的服装设计大赛都有各自的特点,其基本表现如下。

(一) 艺术创意类设计比赛

艺术创意类设计比赛的宗旨以设计创新为主。设计创新的含义侧重于意识及形态方面的创新,包括设计思维创新、制作表达方式创新、设计取材及搭配方式创新等。要求参赛作品的思想意识积极健康、设计构想奇妙、视觉形态新颖且极具艺术审美价值。艺术创意类设计大赛并不要求设计作品产生即时的市场效益,但必须有一定的潜在市场价值和可操作性因素。此类设计大赛是对设计创造能力的一种综合展现。

(二) 市场实用类设计比赛

市场实用类设计比赛的宗旨以适应特定服装市场需求为主,设计创新在一定的限制范围内进行,这种限定范围主要包括服装类别、服装品级、服装目标市场、服装流行因素等。此类服装大赛要求参赛作品在务实的前提下展现、展开设计思维,作品要有明确的目标性和现实的市场推广价值。对设计师的市场了解和把握程度有较高的要求。

(三) 专业类设计比赛

专业类设计比赛是指针对具体服装类别举办的设计比赛,如休闲装设计比赛、皮装设计比赛等。专业类设计比赛往往有明确的风格或主要材质的限定,且大多数要求设计是可实施性的服装作品,但也有少数比赛注重创意性作品,如羽绒服装类设计比赛作品就越来越具有艺术审美性。专业类设计比赛要求设计师有较强的专业知识和素质,尤其在材料和技术方面要有深入的了解。

(四) 国际性设计比赛

国际性设计比赛在全球范围内征集作品,主要目的在于广泛交流、博采众长。此类大赛一般偏重于设计的艺术性和创新性,而文化特异性、个性和时尚性也是重要的评判参考因素。设计师应该把设计置于一个广泛的范围内进行构想,使作品有更加深远的意义。

(五) 全国性设计比赛

全国性设计比赛即在全国范围内征集设计作品,是对我国行业水平的一种检阅。全国性设计比赛有中央级别单位主办的,也有地方相关单位主办的,但其性质基本是一致的,都力求在全国范围内促进行业的设计水平。

(六) 地方性设计比赛

地方性设计比赛即在地方范围内征集设计作品,旨在促进地方的设计水平和促进地方的行业发展。地方性设计比赛的影响不及全国性设计比赛的大,但往往具有独到的地方特色。

三、确定主题

主题是服装设计的灵魂,是蕴含在时装作品之中的中心思想,它体现在时装作品具体表现形式中。系列比赛服装的主题构思是作品中所有元素构架组合后传达出来的设计理念。把握好主题的内在含义并用恰当的题材来表现,是进行比赛服装设计关键性的第一步。

近年来,国内、国际的这些时装设计大赛,大多采用有确切主题的方式,也称之为命题设计。所以设计之前,应对主题命题进行较为细致的分析和判断,以弄清题意的内涵和外延,通常称之为审题。审题是理清思路,寻找创意切入点的重要一环。任何命题都有其特定的意义和范围,既限定了内容,也提供了创意构思的线索。例如第九届"兄弟杯"大赛的主题是"东方与西方",是一个比较宽泛的命题,中心含义就是用作品来诠释东西方文化,但东方与西方意象又可将之重叠,诠释东西方文化的主题开始上升到东西方文化交流和融合。世界各国的参赛选手们根据各自不同的文化背景和社会经历,从各自不同的角度对这个主题进行了精彩的诠释,如参赛作品《绿林英雄》,作者以具有侠义精神的中国古代绿林英雄与美国西部牛仔为切入点,通过运用牛仔面料的拼接、打磨等工艺,表现在当今东西方文化互融背景下的英雄精神。

(一) 具象命题的理解

有些命题比较具象,即指向明确,限定清楚,基本情调较为稳定,在审题时比较好把握。如2002年在深圳举办的"衡韵杯"中国唐装设计大赛的主题是"时尚中国风",指向很明确,参赛要求即为具有"中国味"的时装。其参赛入围作品有《镜花缘》《风骨》《龙之恋》《梦唐》《水再生》《水灵》《涅》等。设计者将中国的传统服饰、传统文化艺术与国际流行的时尚元素结合起来,题材的选用和表达,既有浓厚的中国民族气息又有强烈的时尚感,将传统的唐装生活化、国际化,既符合时尚潮流又有新的突破。

(二) 抽象命题的理解

有些命题较为抽象,大多指向思想或精神方面的内容,这种命题多采用前面讲到的"意合法"的构思方法。例如,第四届全国服装设计师大赛的主题"涅",就要先去感受其意境。"涅"是东方佛教中所幻想的超脱生死的一种精神状态和境界,是超越自我的灵魂升华,是张力无限的生命突破,是新生命的完美开始。因而,只要把握了超越、重生、挣脱以及旧与新、平凡与美丽、黑暗与光明、宁静与激荡、回归与升华、冷酷与激情、痛苦与快乐、顺从与反叛的关系,也就懂得了"涅"的精神境界,构思的切入点就可以循着涅的表面形象进入它的精神境界。这次参赛入围作品当中有以蝴蝶蜕变、年轮、茧、荆棘鸟、蒲公英、古代货币、山水国画、夜来香等为题材的作品,他们以回归自然、挣脱束缚、原始激情、世外桃源等为主题,既蕴涵了古老东方文明神秘沉静的精神世界,又表达了涌动、跌宕、狂野的勃发激情。

四、切入构思

当通过审题,明确了主题的内涵和外延后,即着手收集与主题相关的"直接信息""间接信息"和"相关信息"来选择表现主题的题材。如主题"时尚中国风",可从各种渠道收集中国传统服饰的图案、色彩、结构、配饰、面料、工艺以及国际服装流行元素和国内外服装设计大师有"中国味"的服装作品等直接信息,亦可收集与服装无关的诸如陶瓷器、青铜、佛教、折扇、古铜币、剪纸、水墨画、书法、中国结以及中国功夫、中式建筑、中式家具等间接信息。又如"我们只有一个地球"的命题,就应去收集有关环保方面的直接或间接的信息,如与服装相关的环保面料、工业污染、废水处理、动植物保护等人与自然关系的信息以及现有的国内外设计大师有关环保的作品等。

在收集资料和信息时要以形象的勾画记录为主要手段,必要时再配以文字说明。对所接触到的使自己感兴趣又易产生联想的信息加以整理,初步确定一个构思的方向。如"时尚中国风"

这个主题,当设计者对收集的信息进行整理时,又对中国画产生了兴趣,中国水墨画那种内在的意境和情感、那种若有若无给人无限想象空间的感觉,就是设计者产生灵感的源泉,那么设计者构思的切入点就从中国画开始,即选定了表现主题的题材。

五、确定款式

将灵感转化为构思,然后把这种构思予以表现,运用设计中的美学原理在确定了基本型款之后,可以按照相似原则,将构成基本型独特特征的造型要素进行变化从而衍生成系列。例如以基本型中一种元素(或外型、或纹样、或肌理、或细节)为共性元素,变化其中其他元素的位置、方向来构成系列;或以一种元素(或外型、或纹样、或肌理、或细节)变化对比构成系列,前者是统一感强的系列形式,后者是变化感强的系列形式。

虽然在比赛服装的系列设计中,组成服装的每一要素都占有相当的地位,但一般应有一至两种要素占据主导地位,千万不要将所有的要素集中在一起以过于"丰富"而显得凌乱,没有设计重点。每款服装既有鲜明的个性,又有整体上的艺术性和系列性,两者达到了和谐和统一。

六、草图绘制

系列比赛服装的设想方案应尽可能先画成草图,大量的草图是挑选优秀设计构思的保证。挑选后的草图需进一步完善轮廓、细节、比例等,并注重单套作品独特的个性和创新以及每款服装间的系列性,做到整体的协调和个性的完美。并认真检查其造型风格是否贯穿在整个系列之中,系列作品应用的设计要素是否有连贯性和延续性;单套颜色的运用和系列配色组合是否体现出一组主色调的色彩效果,并有节奏地化分在系列的每一个款式之中;纹样风格是否统一,表现纹样的手法是否一致;材料能否形成整体协调而又有局部的变化性;装饰手法、缝制工艺是否表现为统一的风格;配件、饰品和格调等是否与系列作品存在内在联系和相呼应的关系。

七、参赛稿绘制

在仔细检查完草图后就可以运用各种绘画手法来绘制参赛要过的第一关——效果图绘制。由于初赛是以评审服装效果图的形式进行的,参赛者没有进入评审现场的资格。因此,绘制出色的服装效果图在初赛中非常重要。一般完整的参赛稿由以下几部分组成。

(一)系列时装展示效果图

当将草图调整至正稿后,需要用所学过的效果图技法,选择最适当的表现方式,将其绘制成彩色效果图。用于参赛的服装设计图是参赛入围的第一关,因此,必须大胆地表现出特定的风格或个性(当然要注意兼顾大赛的有关规定)。必要时描绘背景图,尽可能使画面明快、醒目、有韵律感及充满创意,若是使用浅色系,则要使用轮廓线或背景色彩,使主题能够有效突显出来,这样才能引起评委的注意和好感。系列时装展示效果图绘制要细致完整,才能使它更好地一方面表现出想象的艺术形象,另一方面表达出设计的艺术氛围、面料质感、时装款式。优秀的时装效果图具有主题作品的审美和耐人寻味的细节,并烘托出时装创意的氛围和情调。

(二)系列款式结构图

完成人物着装效果图后,还必需画出正面、背面的款式结构图,通常用1:5比例画出。款式结构图是表达设计款式的具体结构尺寸和形状及配置关系的平面图,是用于检查设计的合理性和指导工艺制作。由于比赛服装的着装对象为模特,因此设计尺寸要以模特的尺寸为标准。画款式结构图时要注意:款式图的比例要准确和适当,无论是外轮廓比例,还是局部与局部、局部与整体的比例;款式图要讲究对称和平衡。虽然款式图不画人体,但不管其款式如何变化,最终都要受人体体态特征的制约,都要构成在视觉上的对称和平衡。款式图要注意层次和空间的表现,既要注意表现出服装里外的重叠关系,又要表现出面料起伏以及着装摆放时的空间立体效果。款式图要强调结构和工艺,即强调表示出时装各部分的连接形式和内部构造,如衣片形状、接缝部位、开启位置、省位、褶位及有无缉明线等。

(三) 文字说明

在参赛的效果图上应附有相关的文字说明,一般大赛称其为设计说明。包括设计主题名、灵感来源、设计意念、规格尺寸、材料要求、面料种类和面料小样说明等。

其中设计意念的描述要特别注意,其内容要积极、健康,文笔简洁、流畅,并要符合主题及主题命题。因为一般设计意念是用来说明引发创作灵感来源的事物、设计题材的来源、所希望表达的设计思想和情感等,也可简单地用来说明用什么样的工艺手法表现设计作品,以增加评委们对设计效果图的完整认识。如"衡韵杯"中国唐装设计大赛金奖作品《梦唐》的设计意念是:"泠然琵琶上,月下天飞高。一去千百年,梦里惜多少。"这正是作品所想要表达的一种梦境中的古里唐朝。

(四) 参赛稿命名及方法

参赛作品命名的文字要准确、精练、醒目、流畅自然,应赋予文字以美感,令人一目了然且回味无穷。优秀参赛稿的命名也很关键,作品的名称一般都是作品设计师设计创意的直接传达,我们可以从题材的构成入手,把题材的主要元素提取出来,以题材的异它性确定标题。这是依据设计灵感的启示源——题材资料来思考命题的方法。如参赛获奖作品《莲中珍宝》以取自于藏族梵文的六字明咒题材命名,既有对历史文化产生的联想,又烘托出作品,使其将20世纪的人间净土——西藏的神秘与绚丽展现出来,并具有形象、深刻、易记的特点。也可以从所表现的主题内容入手,把作品的思想内涵或艺术内涵的要点概括出来,让观众对作品的主题有个大体的理解和把握。如作品《荷塘烟雨》的命名,"荷塘"、"烟雨"等词都是中国传统写意花鸟画的写照,紧贴"东方与西方"主题,作品采用西方芭蕾舞裙的款式,中西合璧。甚至我们还可以从作品的形象特征入手,把最鲜明的特征归纳出来并同时提示主题的蕴涵,给人以新颖、巧妙、寓意深刻之感。如作品《紫魅》《生如夏花》《动感》《裘》等。

■ **小资料**

拉链创意服装设计大赛

以参加"拉链创意服装设计"大赛为例,分别从确立主题、收集信息、列出方案、成衣制作和参加比赛几块内容来概述参加设计大赛的流程和注意事项。

一、确立主题

拉链创意服装设计大赛的主题是:"摩登都市"。这个主题具有相当大的开放性。所以，经过分析可以将关键点定位在"拉链创意"上。因此，待解决的问题就变成"拉链与服装的创意性设计"。

二、收集信息

需要收集的信息包括：拉链与服装结合设计的特性、服装流行趋势、往届"拉链创意服装设计大赛"的资料等。

（1）拉链与服装结合设计的特性

（2）服装流行趋势

（3）往届比赛的资料

此外，从本届比赛征稿启事"作品的要求"提炼的信息：重新思考"拉链"这个传统设计元素、突破传统形式、男女装不限、制作精细。所以，经过分析得出如下信息：获奖作品的风格偏向于创意性，基本符合创意型服装设计比赛的特点。由此信息启发设计风格倾向为：时尚个性、独具创新、魅力无限的都市风格。

三、列出方案

由上一阶段信息收集分析提炼出设计方向发散的核心词条：摩登都市、时尚个性、独具创新。而后利用这几个词条进行设计的扩展，找到设计的具体方案。

"摩登都市"主题的发散联想。首先，以链接式发散思维对主题进行分解。由"摩登都市—时尚与都市—都市—高楼大厦—建筑—上海中心大厦—未来与科技"链接式思维进行关键词提炼，从中选出词条"上海中心大厦""未来与科技"这两个词条继续延伸。其次，对"摩登都市"主题的辐射式发散性思维方式的联想，可以提炼出青春激情、色彩斑斓、独立上进、纸醉金迷、黄金时代、迪考艺术等关键词。综合考量链接式和辐射式发散思维提炼出的关键词，最后得出"未来与科技"、"色彩斑斓"和"黄金时代"三个词条最符合前期的设计方向。

根据提炼的设计关键词收集大量的灵感资料，包括：阐述主题故事的灵感图片、符合设计构想的其他类艺术作品、可以获取色彩搭配灵感的图片等灵感资料。同时，结合流行趋势中色彩、面料、造型等要点，完成最终的大赛设计方案。

四、成衣制作

比赛服装的制作一般可以通过平裁和立裁两种方式实现，为了在服装中突出"拉链创意服装设计"大赛中"拉链"这一主角，需要通过排列、塑形、配色等手段进行创新应用，所以更适合使用立裁方式完成成衣制作。制作过程中需要围绕设计主题、构思对样衣进行不断的比对、试制、检验和调整，最终完成比赛用服装的系列成衣制作。

五、参加比赛

服装设计大赛一般多为动态展现的方式进行评比，参赛选手必须严格按照大赛时间节点安排，在规定时间内携带所有参赛用服装、配饰、走秀用音乐等物品准时向大赛组委会报到。积极配合大赛前的准备、彩排工作，与大赛编导进行作品创意、模特要求、舞台效果等相关事项的沟通，争取以最好的状态参加最终的动态评选（图5-26、图5-27）。

图5-26　2005年某拉链创意服装设计大赛获奖作品

图5-27　2005年某拉链创意服装设计大赛获奖作品

本章小结

本章的学习需要了解实用型和创意型比赛的特点,结合比赛主题,从生活体验与积累中获取灵感,综合运用面料改造、服装塑型和色彩运用的设计方法,才能设计出具有高视觉感受的作品,并在短时间内获得观看者最大程度的认同。同时,本章也罗列了参加设计类大赛的设计流程,并以实例说明帮助理解。

思考与练习

1. 收集国际、国内服装大赛最新比赛信息各一个,并深入分析该比赛特点与历届获奖作品。
2. 挑选一个以往大赛进行模拟参赛设计系列。
3. 针对某一种面料材质分析其在不同服装设计大赛作品中的应用,重点阐述面料与造型、面料与风格效果等。

第六章 演艺服装设计

  演艺服装设计属于舞台、影视美术设计的范畴,同时也可以归属为人物造型设计,这一专业特点与普通成衣设计相比较既有共性又有其特殊属性,特殊性是由于其艺术形式功能、特性和审美方式不同而决定的,需要根据角色形象、舞台形象、剧情内容等因素来塑造和展示人物形象,是专业性很强的一类专项服装设计。

第一节 概 述

中外演艺史上,有过没有布景的演艺场景,却总少不了服装的装饰,最原始的宗教演艺都至少有面具或纹身的装饰。现代社会的飞速发展和人类知识结构的更新使人们对物质与精神的需求和欲望更加强烈,人们对演艺活动的内容要求更加丰富多彩。同时与演艺活动一起被提升的即对演艺服装的要求,演艺服装即专门用于艺术表演的一切服装的统称。

一、演艺服装的定义

演艺服装的英文是 Performing Costume,可以解释为演艺界的演员在表演、演出的时候特意穿着的化妆服、戏服,符合表演目的的、成本较高甚至不计成本的、与普通服装不同的一种"特殊"服装,也就是说为表演而专用的、专门用于艺术表演的一切服装的统称。演艺服装有着独特的价值取向和审美功能,是服装艺术与表演艺术两者的结合。

二、演艺服装的发展

数千年来,演艺一直是人类不可或缺的消闲活动。丰富多彩的演艺活动表现为各种各样的形式,包括即兴喜剧、世俗剧、神迹剧、杂耍、哑剧等古老的表演形式,也包括比较现代的艺术形式,如冰上舞蹈、马戏、歌剧、音乐剧、相声、小品、芭蕾等。此外,还有诸如电影、电视、录像等引领20世纪娱乐趣味的大众艺术,甚至现在盛行的各种广场庆典、开幕式演艺活动。但是,无论是哪一种表演形式,演出中都要运用到演员大量不同的表演技巧,虽其核心成分是演员与观众之间的互动,但这各种演艺活动中演绎者所穿的服装更是能起到画龙点睛、烘托气氛和更直接与观众产生共鸣的作用。

世界各民族的演艺活动大都是由古代的巫术、祭祀仪式发展而来,因此,很多民族的表演艺术在相当长的时期内都以一种载歌载舞的形式表现出来。所以其服装也就没有了具体风格的划分,一般也就是没有具体规定,比较随意的演艺活动表现。而自从戏剧产生后,演艺服装才算是真正跨入了趋向完善和风格化的方向了。演艺服装主要经历了早期的怀着宗教性祭祀的目的,以扮演神或人物的故事、模拟战争以及"显圣"等场面为主时演艺者所着的努力进行对自然及动物模仿的"早期演艺服装",以动物皮、动物角作为衣料与头饰,在服装史上被称为"动物标本"的造型时期。但这种模拟的动物形象不是猎物原形,而是在猎物原型基础上的替代式雕刻,即后来称之的面具。古罗马喜剧服装开始出现了程式化的装束,如驼背钩鼻以示阴险诙谐,大嘴巴面具以示吹牛。

19—20世纪随着演艺活动的发展,演艺服装也表现出风格多样、千姿百态。如印象主义、表现主义、艺术新事物、象征主义等,艺术与科学的联姻给人们以清新的感觉。舞台革新家们强调对整个舞台要素的协调及形式趣味的象征功能,促使服装与之相吻合。于是演艺用服装设计开始创造朦胧、夸张、抽象或幻想的外观,目的在于唤起观众联想,与现代艺术同步,与布景、灯光的意境相吻合(图6-1)。

图6-1　上海马戏城欢乐马戏演艺服装

三、演艺服装的现状

21世纪我国各种形式的表演活动琳琅满目。一方面,一些世界顶级的大型演出进入中国市场,带来耳目一新的视觉、听觉盛宴,其中绚丽多彩的演艺服装搭配、精致华美的舞台设计与和谐出众的音响效果,为国内的消费者带来了全方位的新奇体验。另一方面,我国承担了多项国际比赛,如2008年的北京奥运会,这类国际性赛事需要设计大量的表演服装,除开闭幕式的服装,赛间拉拉队服也需要特别的设计。这些事件都有效地推动了国内演艺服装市场的发展。国内观众的观赏形式是多方位的,有直接和间接观赏两种形式,直接就是可以从现场观赏,间接则是通过电影、电视等渠道看到这些演艺服装。由于演出的种类与形式多变,对服装的需求也各有不同,演艺服装将在服装材质创新、文化传承、科技含量等方面不断发展。

(一)材质创新

演艺服装设计已经步入了材料创新的时代,需要以科学的眼光来重新评价材料的独特价值,要求设计师不仅把用于演艺服装的材料看成一种物质,而且要把演艺服装的材料看作是表演的一部分。可以通过对材料特性的挖掘或进行材质的二次设计,使得材质与服装相匹配,强化角色塑造。

(二)文化传承

随着传媒、信息技术的发展,人们可以通过电视、网络等媒体了解世界各地的信息。各种文化很容易进行传播,同时随着人们追求回归传统的倾向越来越强烈,表现本国文化传统的题材增多,设计师在设计时注重吸收运用各种传统文化,同时与现代元素结合使服装更为丰富多样,集现代与传统文化于一体。

(三)科技含量

随着科技手法的日渐成熟,越来越多的服装产品借助科技来实现服装除原有普通功能以外的某些特定功能。将科技元素用于提高演艺表演的可视性和帮助演员进行表演,具有丰富表演效果、构筑舞台情境、增强观众感受、提高监控技术等四大功能。目前,在服装中常用的科技手法包括无线通信技术、太阳能、装饰灯光、传感器等。

第二节　演艺服装材料特征及分类

一、演艺服装材料特征

演艺服装根据不同的演艺活动而定,其材料范围也变得极其宽泛,没有不可用的材料。演艺服装的材料构成与其他门类服装不尽相同。主要特点:一是其取材的宽泛性、自由性;二是其材料的(主要指其制成的服装)表演艺术性,它不是一种表现某种生活品质与时尚的物质,而最主要是起着塑造具有表演魅力的形象装扮作用;三是材质与形式意义上和整体的表演要求与形象定位完美和谐,如平滑的衣料有光泽,塑料产生特异效果,透明的轻纱给观众虚缈之感,而这些材质所表现出的效果与角色想要表达给观众的效果保持一致(图6-2)。

图6-2　上海马戏城"ERA——时空之旅"采用光泽弹性材质服装体现柔术的人体美感

二、演艺服装材料分类

服装的材料具有较强的美学表现力和情感色彩,随着科学技术的进步和发展,服装材料的改革和创新不断涌现,设计师对材料的选择范围更加广泛。根据不同演艺活动演艺服装材料的要求也不同,可以分为服用材料和非服用材料。例如远距离的广场类舞台演艺服装其材料就可以比较随意,甚至可以用非服用材料来代替,主要将要表现的目的达到即可;但作为近距离的影视类服装,由于有时还会近距离镜头放大其服装,所以以假乱真的材质设计手法就不能用。为了更好地具体了解演艺服装材料的分类,这里将演艺服装材料穿插在各个具体演艺活动种类中详细阐述。

第三节 演艺服装分类及特征

演艺服装泛指在一切演出场合,具有演出辅助功能的服装。主要包括舞台表演类、广场表演类和影视类。它的设计内容一般包括演出者全身衣服和帽、围巾、面纱、鞋袜等服饰配件。广义的演艺服装设计,还应包括全身各种饰件以及包、手绢、扇子等物品。

一、演艺服装分类

根据对演艺服装本质特征的理解,对演艺服装三大门类做出如下的分类概括。

(一)舞台类演艺服装

舞台表演类型服装门类很多,以戏剧服装为主,包括戏曲、话剧、歌剧、舞剧,除此之外还有演唱会、音乐会、舞蹈、杂技、曲艺等各类演艺用服装(图6-3)。

图6-3 话剧《青蛇》服装造型

(二)广场类演艺服装

广场类演艺服装,指表演者在特定的时空场景中,为体现某个主题或庆典内容而穿的表演性服装。包括在小型广场演艺、体育盛会的开幕式、博览会开幕式、国庆节庆典、狂欢节庆典、万圣节庆典等活动中为达到表演目的，表现活动主体时演艺者所着的服装（图6-4）。

图6-4　2008年北京奥运会开幕式唐代侍女造型服装

（三）影视类演艺服装

影视类演艺服装包括电影类、电视剧类及现代的MTV表演服装（图6-5）。

图6-5　美国英雄主义题材电影《复仇者联盟》服装造型

二、演艺服装共性特征

（一）源于生活
演艺服装以生活为创作的基础和依据，并对生活素材提炼、概括和艺术加工，最终达到真实生活与艺术的完美结合，源于生活并超越生活。

（二）创造性
演艺服装始终以演艺活动为中心，创造性地服务于表演，构成表演艺术的有机组成部分。

（三）造型性
演艺服装运用造型艺术的手段，塑造各类演艺人物的外部形象，张扬及表达演员的个性，有利于提高表演的效果。

三、演艺服装个性特征

演艺服装品类丰富，每个品类都有着独特的价值取向与审美功能。要求演艺服装设计师运用常规形态美法则之外，还需要驾驭体现演艺服装各品类的个性和特点。

（一）舞台类演艺服装特征
舞台表演类型演艺服装最大的特点是灯光布景（区别于无灯光特定需要的日间广场式演艺）、演员、动作对白、乐曲音响和服装，如一条环带，环环相扣，紧密相连，缺一不可，相互关联，相互衬托，营造出有效的视听效果。表演者身着体现直观表达身份地位的服装加之精湛的演技共同构成其中最活跃、最吸引人目光的视觉中心。服装是表演者的包装，对舞台演出的视觉效果起着很重要的作用。其中这类服装又可归结出以现实主义创作方法设计的演艺服装，含写实话剧服装等；以非写实主义创作方法设计的演艺服装，主要指不注重生活真实而强调抒情性、雕塑美的服装，如舞剧服装和包括受欧美表现主义及抽象主义戏剧风格影响而具有特定美学原则的中性服装、抽象服装，这在非写实的话剧、歌剧、舞剧中均有体现；还有以写意为美学原则的、现实主义与浪漫主义相结合的程式前提的意象化设计的演艺服装，如中国戏曲服装等。罗马早期话剧和日本歌舞伎中的某些服装，虽也具有某种程式性，但在美学原则上与中国戏曲服装有质的区别，属于特殊样式。在国际演艺服装范畴中，中国戏曲服装以"程式前提的意象化样式"，与"写实化"、"非写实化"样式，三者是并列关系。

（二）广场类演艺服装特征
广场类演艺服装从特征上可以分为程式庆典式与现实主题式。程式庆典式服装一般设计者有一定的程式典章，观众对此类服装的鉴赏有约定俗成的心理认同，如狂欢节、万圣节服装光怪陆离的结构与充满节庆欢乐气氛的色彩搭配；现实主题式服装主要表达对某个重大主题活动的演出服装。广场类演艺服装的侧重点是运用图解的手法起符号表达作用，无论是写实、写真，还是象征、隐喻的处理，都具有明确的符号意义，折射出民族、宗教、审美崇尚、物质状况、艺术品位、主题与意念等的综合内容。一般有摹仿式的图解和创意式的图解两种。前者以追求形象表层的真实性和再现的样式为主；后者以追求形象的"精、气、神"与表现主题上的默契与对应，以符号化的气氛营造为主。服装此时更重于成为演艺人员的角色包装，结合精湛的演艺，使服装形象地为观众的联想与读解提供指导性线索，从而把表演主题的内在精神、意图、情绪、含义传达给观众，唤起观众的联想、想象。

（三）影视类演艺服装特征
影视类演艺服装最大的特点是要符合剧情，包括各角色在剧中的位置、角色的性格爱好、角色的命运、角色之间的关系等,而且影视作品中不采用风格化的假定性布景,人物生活在真实广阔的自然环境中,因而对生活在这种背景中的人的服装也必须追求逼真效果,使之融为一体,又由于拍摄的镜头可以将人物拉得很近,因而对影视类演艺服装设计、制作有近景效果要求,服装制作工艺要求精工细作以达到真实效果。

第四节　舞台类演艺服装

舞台表演类演艺服装的种类很多,基本上可以分为戏剧(戏曲、话剧、歌剧、舞剧)、演唱会、音乐会和舞蹈服等,下文分别具体阐述其设计特点。

一、戏剧服装

(一)戏剧服装的定义、特征

戏剧服装,是指在舞台艺术中扮演某个角色所穿着的服装。戏剧服装的特征是用历史的、现实的态度来再现服装,服装与表演的内容紧密相关,不能让服装与剧情产生矛盾。在以历史题材为背景的戏剧艺术中,服装的设计成分其实不多,设计的步子不能跨出历史背景下的服装;反映当代题材的戏剧艺术中的服装则以当前真实的服装为蓝本进行设计或搭配;在表现未来题材的戏剧艺术中,服装的设计成分才上升到了首位,给设计者有较大想象余地。舞台艺术的特点决定了服装与现实生活的距离,尤其是戏曲服装,如京剧、沪剧、越剧、川剧、昆剧等,均各有各自的传统特色,服装与角色行当有一定的规定性,即使在话剧等比较贴近生活的剧种中,服装仍对生活服装进行概念化程式化处理。大多数情况下,戏剧服装设计师须贯彻导演的意志,绝不是个人时装发布会,因此其造型色彩甚至面料往往是集体创作的产物。另外在戏剧中,无论是戏曲还是歌剧,都属于舞台表演的范畴,舞台表演的戏剧角色在服装外观表现上应注意大的效果,因为角色与观众之间的距离相对于影视角色与摄影机的距离来说要远得多,且不能通过摄影的特写来表达一些细节(图6-6)。

图6-6　苏州昆剧院昆曲《西施》中西施的服装造型

(二)戏剧服装的款式设计

戏剧服装的款式要遵循剧情所提供的客观条件——剧情所要表达的角色性别、年龄、民族角色、所处的时间和空间。由于戏剧角色的服装外观在角色的可信度上起了非常重要的作用,所以戏剧角色服装外观的设计者,其实就是在以剧中角色的身份,来对其进行外观"符号"传达这一行为,据此,使得戏剧服装的款式设计要求如下。

1. 衬托剧情发展

服装的款式设计要根据剧情的发展变化而变化,衬托剧情发展,这样就可以使观众通过角色的服装款式,正确地获得与剧情有关的背景信息。

2. 符合角色定位

服装的款式设计要符合角色定位。在设计时需要运用外观知觉这一行为来判断所提供的信息是否准确,是否符合角色,这样才更有助于观众去理解这一通过服装来塑造的角色。

3. 整体形象为主

服装的款式设计要以整体形象为主。由于视觉距离的关系,在服装外观上应用夸张和强调的手法来表现,而不应拘泥于一些细节表现。

4. 配合剧种设计

由于不同的剧种所要突出的东西是不同的,所以服装的款式还要配合所要表现的剧种,比如说设计太豪华的服装来用于以音乐和剧本内容为主导的歌剧时,这时的服装就会影响到了歌剧本身的优美音乐和戏剧氛围,服装在这里就会喧宾夺主。

(三)戏剧服装的色彩设计

戏剧表演最注重的就是舞台的效果,因此其服装应该采用比较鲜艳的色彩来吸引观众的注意。另外,作为这样一种形式的舞台服装,有着阐述剧情,表达所演角色的心理的作用。角色的情感变化和较为抽象的信息都可以通过服装的颜色来表现,例如:利用较为丰富的服装色彩来表达角色愉悦,欢快的情绪等。

(四)戏剧服装的面料设计

1. 根据剧目选择材料

根据所表演剧目的不同,服装的面料也是不同的,既有华丽闪光的面料,也有质朴的棉麻类织物,这就需要设计师根据剧目来安排。

2. 与服装款式相协调

戏剧服装的面料设计要遵循与服装款式相协调的原则,虽然具有舞台表演的特性,但也要符合一般服装的基本搭配。

3. 面料牢度适合多次穿着

戏剧服装需要多次为表演穿着,因此在面料功能上对牢度、耐磨度等面料特性有一定的要求。

二、音乐会服装

(一)音乐会服装特征及款式

音乐会的服装通常都比较正式,越正规和大型的音乐会,其礼仪性就越强,因此款式上就应将礼仪性作为设计的一个重点。服装上不会有过于繁复的装饰,款式比较简洁,在通常情况下,男士为西装,女士为庄重的礼服。根据音乐会类型的不同,礼仪性的程度也就不同。不同国家的音乐会,在服装款式的设计上也会有区别。例如:交响乐音乐会,服装上应该为正式的西装、礼服,这样会比较符合音乐会的氛围与主题,突出了庄重性;若是民族音乐会,在服装上就会体现出民族化的礼仪性服装。了解和掌握这两点款式设计要求是十分必要的。

(二)音乐会服装的色彩设计

音乐会与演唱会的服装在色彩上有明显的区别,音乐会特别是团体音乐会特别注重整体性,服装的色彩比较统一。在西方古典音乐会中,黑色和白色是比较常用的色彩,即使是个人的音乐会,主要演奏人或演唱者的服装在色彩上也不会特别花哨,这还是由音乐会的礼仪性所决定的。例如,希腊钢琴家雅尼和马克西姆,他们所演奏的都不是特别严肃的古典音乐,但在他们的音乐会上,服装的颜色也多以经典的黑白色系为主(图6-7)。

图6-7　上海歌剧院合唱团音乐会服装采用经典的黑白色系

(三)音乐会服装的面料设计

由于音乐会对服装礼仪化的要求比较高,所以男装面料通常选用西装料,如羊毛、化纤等,女装面料则采用悬垂感好的缎料,礼服常以纱类织物、缎料为主。和通常礼服不同的是,演艺礼服对于面料质量的要求并不很高,更多追求的是外观效果,因此可以在外观允许的范围内节约成本。

三、演唱会服装

(一)演唱会服装特征

演唱会服装重视舞台效果,这是由舞台艺术的特点所决定的。但由于演唱会服装没有情节的要求,所以相对来说演唱会服装就可以随意一些,既可以是日常的生活装,也可以为夸张的创意装。一般演唱会服装最讲究的是时尚二字。特别是流行音乐演唱会,服装的款式会非常时髦与前卫,因为流行音乐与时尚是密切相关的。

音乐明星们的穿着打扮直接体现了他们对时尚的品位,演唱会上歌手常常会穿着一些比较怪异的服装,这除了和歌手本身的服装品位有关外,通常更为重要的目的是为作宣传而设计的,因为怪异夸张的服装会引起更多的关注,一定程度上是在为歌手做宣传,也可以视其为炒作。例如,华语流行乐坛的天后王菲,是个很好的例子,王菲是一个非常注重形象的歌手,一向以奇形怪招独开蹊径:重金属族装扮、内衣外穿的透视装、街头黑人装、菠萝头、蝴蝶妆、日晒妆等,变化无穷。在其"菲比寻常Faye Wong演唱会"上脚蹬Vivienne Westwood赞助的一对21 cm金色高跟鞋,头上有着超过1 m头饰,配合她的身高,舞台上出现了一个高达将近3 m的王菲,再加上夸张另类的妆容,把时尚颠覆到极致,一连八场演唱会,中途好几次不同的服装和造型变换使得她百变的形象根深蒂固。音乐明星的装扮会带动时尚的潮流,并影响人们的服装及穿着方式,成功的音乐人不只是乐坛的佼佼者,更是时尚的指南针与方向盘。

(二) 演唱会服装款式设计

演唱会服装的款式设计要跟得上潮流,可以适当地加入当季的流行因素,不同风格的演唱会,服装也会不同。但无论是流行乐还是民族乐歌手的演唱会,其服装的款式虽然有很大的差异,却都会依照各自的美学标准去设计,落伍和保守的款式对于演唱会服装来说是不适合的。设计要符合歌手的气质、喜好和穿着品味,作为演唱会来说,歌手是主体,在为他们设计服装的时候,除了注重舞台的大效果外,还应该保留其作为音乐人的个性和自身的气质。歌星的穿着往往会成为大众模仿的对象,成为时尚的风向标。夸张的造型,独特的款式更贴近演唱会的氛围,演唱会成功与否与调动观众的情绪关联很大。夸张的、怪异的演唱会服装在出场时就能吸引观众的目光,很快调动观众的情绪。例如,有着时尚界"雷母"之称的美国流行歌手蕾迪卡卡(Lady Gaga),每次演唱会都会推出一个新造型示人,常常会有类似透明塑料连衣裙、肉片装等"惊世骇俗"的造型出现,制造出惊艳全场的效果,被誉为当今娱乐界的时尚教母,各路明星趋之若鹜地模仿她的风格。在同一场演唱会中,歌手通常会穿着多套服装出场,在设计服装款式的时候还要注意多套服装之间的关系,不能太雷同也不能相差太远,同时也要配合演唱曲目的风格而定(图6-8)。

图6-8　流行歌手蕾迪卡卡演唱会夸张造型

(三) 演唱会服装色彩设计

相对于音乐会的严谨来说,演唱会的服装色彩可谓是五彩斑斓。因为演唱会的目的就是要突出主唱歌手,越是跳越的颜色越能吸引观众的目光,因此各种视觉冲击力强的色彩组合都可以是被采用的色彩,还有一些金色、银色和荧光色的运用,会令整套服装非常出彩。当然也要考虑到歌手的喜好以及他们各自的肤色,还要与歌手的气质所搭配,如果一个歌手走的是清纯路线,其演唱会服装的色调也应是浅粉色系为佳。

(四)演唱会服装面料设计

演唱会对服装面料功能性没有特别多的要求,有时为了配合款式的需要,还会采用一些非服用面料,这一类的面料穿着的舒适性能会比较差。演唱会中服装采用具有闪光效果的面料比较多,这样能够让歌星在舞台上熠熠生辉。

(五)其他因素

设计演唱会的服装还需考虑化妆、配饰和道具。演唱会中,服装配饰的好坏有时会起到决定性的作用,配饰与服装的搭配与妆容的关系很重要。无论是夸张的还是精致的妆容与配饰都是允许的,这与演唱会的定位有关。

四、舞蹈类服装

舞蹈类服装顾名思义就是在表演舞蹈时所穿着的服装。其特点是要集音乐美、体形美、服装美、舞蹈演绎美于一身,而服装美就成为演绎舞蹈时一项不可缺少的内容。其中舞蹈类演艺服装还包括各种杂技表演,要设计舞蹈类演艺服首先得了解舞蹈的种类,如表6-1。

表6-1 舞蹈的种类

专业舞蹈	形体训练、古典舞、芭蕾舞、民间舞、现代舞、踢踏舞、爵士舞、外国代表性舞蹈、校园舞蹈、幼儿舞蹈
拉丁舞	伦巴、桑巴、恰恰、斗牛、牛仔、赛罗克舞
摩登舞	华尔兹、探戈、快步舞、狐步舞、大众交谊舞
时尚流行舞蹈	迪斯科、街舞、芭拉芭拉、啦啦队舞、热舞、劲舞
健身舞蹈	大众健身舞、健美操、减肥瘦身操、瑜珈
体育舞蹈	水上芭蕾、冰上芭蕾、体操等
杂技	单人杂技、多人杂技等

这么多的种类,其服装是有着很大区别的,但总的来说所有的舞蹈性演艺服装有着一个共同点,那就是在符合一切服装设计形式美原则以外,更要满足其基本的活动量这个重要的特点。

(一)舞蹈性演艺服装款式设计

舞蹈性演艺服装的款式要根据表演的类型而定,不能一概而论,不同的舞种需要有不同风格的款式来搭配。时尚流行舞蹈,如街舞、热舞类的款式设计会比较时髦,服装的特点有可能是很酷,也有可能是比较性感,多为贴身的短款;而对于华尔兹一类的舞蹈来说,款式上就要突出其华贵与古典气质;少数民族的舞蹈,其灵感多数来自于自然界的生物和对图腾的崇拜,因此他们的舞蹈多为表现动物的形态特征,款式上采用拟物、拟态的设计手法,例如,傣族孔雀舞,其演绎者一般都会着一身洁白的孔雀装或有孔雀羽毛饰边的裙子等。

舞蹈性演艺服的共同点为服装要符合功能性的要求，在设计款式时特别要注意。如果只是款式好看而使表演者活动不便的设计是不成熟的。如芭蕾舞服装的款式，标准的芭蕾舞服装为紧贴的连体衣，裸露大腿的钟形褶裙，裙部由4~5层丝绸皱褶构成，便于演员展现大跳，打脚等舞姿（图6-9）。

图6-9　俄罗斯国家芭蕾舞团《天鹅湖》中国巡演服装

（二）舞蹈性演艺服装色彩设计

舞蹈性演艺服装的颜色如同款式一样，要根据各舞种的特点选择服装的颜色，不同的舞种给人的感受是不同的。例如，快步舞有着欢快、跳跃的特点，故选用黄色、橙黄色、红色这些热情奔放的颜色都是比较合适的，因为黄色是比较容易出挑的色彩，而橙黄色、红色也是欢快、热烈的，与快步舞的特点相和谐，至于颜色的纯度以及明度适中即可，如要用其他颜色时，也最好是以暖色调为佳；如果是华尔兹，则是一种浪漫、优雅、高贵的感觉，那么在颜色上就不可太艳丽、太花哨，选择明度不是太低的蓝色、紫色或者白色都可。

（三）舞蹈性演艺服装面料设计

舞蹈性演艺服装面料注重的是效果，所以面料的质地不用太好，轻薄的、厚重的、华丽的、朴实的都要视舞蹈的种类而定。

（四）其他因素

设计舞蹈性演艺服装当然还需考虑化妆、配饰和道具这些有关因素，而其中的舞蹈鞋对于舞蹈者来说有时比服装更为重要，鞋的设计要配合服装的款式与色彩，更要注重对舞蹈表现的作用。如芭蕾舞鞋为脚尖舞鞋，是在普通舞鞋的鞋尖部分增垫棉花或轻质木楦，并在鞋尖上用线缝纳多次而成，它有助于女演员长久地站立和用脚尖行走、跑和跳，它的发明大大提高和丰富了女子舞蹈的技巧和表现力，有助于塑造浪漫主义芭蕾中轻盈欲飞的仙女和精灵的形象。

第五节　广场类演艺服装

广场演艺，往往是一种来自政府或民间组织的一种群众性表演活动，是通过表演形式来唤起民众对某个事件、某个主题关注的手段。服务于表演者装扮的服装，成了表现主题的一种包装形式，它与表演中的其他要素共同完成设定的过程，这里的服装既不同于生活服装注重品牌价值的社会实用性，也不同于戏剧服装讲究身份与冲突，而是在强化主题、烘托气氛、组织画面、启发联想等方面体现其价值功能。

一、广场类演艺服装款式设计

广场表演类演艺服装的款式设计视演艺的主题内容与导演处理而定，各地区、各民族、各个主题要求所表现出来的演艺服装样式千姿百态。它既可以模拟生活中的具象事物，又可以进行创作后抽象变异，还要能够有民族精神的体现，也有设计师的风格反映及主题限定的程式表现。

（一）服装款式的具象再现

服装款式的具象再现也称之为写实性的设计处理，指服装的样式客观真实地反映所表现的主题内容与摹仿的形象。设计创造从轮廓到色彩、材料、装饰，力求直接与主题对应。具象再现的样式运用，通常在主题内容能与可模仿形象对应的前提下。例如，2008年北京奥运会开幕式《星光》主题篇中，演员通过身着的闪着黄绿色荧光的紧身服和LED灯，服装和演出节目的意境配合营造出满天繁星的效果（图6-10）。

图6-10　2008年北京奥运会开幕式《星光》主题演员身着紧身服和LED灯营造漫天繁星

(二）服装款式的抽象变异

广场类演艺服装款式的抽象变异,与具象再现的写实性相对,即指在服装创造中结合主题表现的前提下撇开非本质属性,表现设计师的主观内心意识与崇尚,在直觉与幻觉、离奇与夸张、变异与突破中显现主题内容,形态表现强调变形与简化、假定或意指形态超现实的反常规处理,追求形式寓意及给观众以联想。如2008年北京奥运会《自然》主题篇中2 000余位太极武者身着覆盖了一层白纱的白色太极服,以及11位太极高手身着由白色到绿色渐变的太极服,寓意绿色、自然、健康的生活态度。

（三）服装款式的程式运用

广场类演艺服装款式的程式运用指服装创造在服务于不同主题内容,顺应主题内容时,符合该主题内容并运用约定俗成的穿戴程式,符合观众欣赏过程中的心理定势。主要适用于民族、地区性的节日庆典表演活动中。

二、广场类演艺服装色彩设计

常规的广场表演类演艺服装的色彩有金、银、黑、白、红、黄、蓝、绿等。这类服装是通过群体表演起到欢庆、鼓动、宣扬等作用,其色彩的运用有其自身的特殊性。

（一）色彩整体性的表现

广场类演艺活动通常在大型的体育场馆或公共广场进行,表演者与观众之间一般存在一定的距离,所以对服装的整体性要求就更高一些,色彩的整体性可以表现为块面化和装饰化。块面化有利于确保表演方阵或表演队列产生清晰的层次,借助各个色块之间的组合序列来产生不同画面组合是主题所设定的。例如,表现"青春韵律"的健美操服装,以湖蓝与白色两大色块来构成,这里湖蓝与白色可以进行不同形态、不同面积、不同位置的序列组合,在点、线、面的布局构成上产生千变万化的图形,丰富及强化青春的韵律势态,起到深化主题的作用。装饰化有利于远距离的表演,也能使观众对服装产生极大的震撼力,如金色镶红色、银色镶湖蓝色等色彩处理。

（二）灯光对色彩的影响

服装色彩会受到环境光线的影响,在色彩设定时还要考虑到灯光的因素。例如,红色的灯光照射到白色的服装上时,服装就会产生淡红色的色调。同时不同的面料对光也有一定影响,特别是表面光洁或有绒毛、短纤维的面料,如红色丝绒旗袍在蓝色光照射下,会使旗袍变成玫瑰色,所以设计师在设计前要考虑最后设计出的服装在演艺时所要表现出来的颜色是什么。服装色彩随着色光切换而相应改变,增加了演艺服装色彩设计难度,如果了解色光的规律和属性,就会掌握演艺服装的设计技艺。服装基本色彩与色光之间的关系见表6-2。

表6-2 色光对服装色彩的影响

服装色彩	灯光色彩		
	红色光源	黄色光源	绿色光源
白	淡红色	淡黄色	淡绿色
黑	紫黑色	橙黑色	墨绿色

（续表）

服装色彩	灯光色彩		
	红色光源	黄色光源	绿色光源
红	朱红色	中国红	黑褐色
橙	红橙色	橙黄色	淡褐色
黄	橘黄色	明黄色	黄绿色
绿	暗灰色	鲜绿色	明绿色
蓝	暗蓝黑	翠绿色	暗绿色
紫	红棕色	红褐色	紫褐色

（三）服装色彩的象征性

色彩具有一定的象征意义，在设计演艺服装时需要充分考虑服装的色彩对主题的演绎效果，如用橘红来演绎青春与活力的主题，用粉色来演绎梦的主题，用大红演绎火热与激情的主题等。色彩象征性应用的准确是对主题内容的揭示与强化。演艺服装中常见色彩的象征意义如表6-3。

表6-3 色彩与其象征意义

色彩/色系	内涵象征	代表色
金属色系	高贵华丽的颜色，用来表达辉煌与灿烂，常用大块面的金、银色来诉说强烈的情绪	金、银
无彩色系	黑展现力量与庄重，深沉与牢固；白色以明亮、扩张的属性，给人轻松、清爽的透明感，联想到和平与纯真；灰色起到陪衬角色，使其他色彩更活跃更丰满，往往靠灯光色彩的变化，产生意想不到的色彩效果	黑、白、灰
红色系	吉祥与喜庆的色彩，起着渲染庆典气氛并表达热情的作用	鲜红、粉红、大红、米红、玫瑰红、橘红、暗红
黄色系	明亮的色彩，象征着智慧与光明，带有图腾特性	纯黄、柠檬黄、中黄色、深黄
蓝色系	清爽透明，给人悠远与深邃感，是理想与希望的象征。常用来表现天空、大海、清纯、洁净、明亮等内容，服装用蓝白相间，鲜明生动而富有活力	天蓝、湖蓝、宝蓝
绿色系	具有宁静，超自然的意味。常用来表现自然、生命、环保、成长、希望等内容	草绿、淡绿、果绿等

三、广场类演艺服装面料设计

由于广场表演类演艺活动可以涉及到任何的时间与空间,所以很多面料的选择可以超出日常装面料的范围,这样使其材料的选择极其宽泛,没有不可用的材料,其追求的主要是外观效果,需要各种不同的物质特征所产生不同的肌理效果与形态个性的各种材料,在轻重厚薄、悬垂飘逸、闪烁跳跃的各种材料的性格属性中谋求与服装形象的对应,给表演主题的角色以某种明确的定义,或华贵,或虚幻。因此,经常需要以假代真,如用柳条与竹枝做架,泡沫板做衬来塑形,用PVC等合成材料来表现金属盔甲等材质等。只要设计出的服装与活动主题形象要求相符,服装面料的外观性能在视觉上达到以假乱真,设计师对材料的运用经常可以不择手段,针对其选材的宽泛性将之概括,具体如下。

(一)服用材料

广场类演艺服装中服用材料包括:吸光性较强的并能随色光变化而产生不同气氛与色调,又便于染色的全棉面料;成型性强,有较强的结构表现力的、比较厚实的、斜纹类质地紧密的卡其与牛仔布;织物表面有均匀、平齐耸立、光亮度好的绒毛,且有顺光与倒光之分的丝绒面料;定型性好,不易起皱适用于一般外衣的中长华达呢;具有高度透明,适合在上面喷上所需的各种色彩、有朦胧虚幻效果的特轻薄的人造玻璃纱面料;色彩鲜艳具有色彩块面的表现力,适宜制作一些宽松飘逸服装的、价廉物美的尼丝纺面料;色彩丰富,图案纹样均是传统题材,适合制作带有传统风格服装的织锦缎与古香缎面料;柔软而富有弹性,垂势良好、轻薄、透明起皱的乔其纱面料;光泽柔和、手感柔软、抗皱性强、悬垂极佳的高档双绉面料;造价低但能以假代真毛的人造毛;柔顺合体、修形性强,适宜运动体操服及需要勾勒形体的服装造型的氨纶莱卡面料。

(二)非服用材料

广场类演艺服装中非服用材料包括:能做服装支架的藤条与竹条;飘忽不定、闪烁多变的特殊演出效果的单色或彩色塑料布;做服装的填充物既轻又有形态感的泡沫板;质地坚硬、定型性强,是制作盔甲理想材料的经过热压化纤处理的玻璃钢材料;能在黑暗中受灯光照耀有极强的能见度(反光性)的反光塑料膜材料;做服装的填充物,尤其适合软体性服装的海绵与棉絮等。

第六节　影视类演艺服装

影视类演艺服装指在电影、电视、MTV等表演时穿着的服装,它是指特定影视剧里的特定演员所穿的特定服装。其特性,一是影视作品常用观众的视线与剧中人的视线一致的手法,这种服装是随着影视剧中大的时代背景,小的特定环境,故事情节的发展而产生的。二是以特定的艺术形式为前提,根据演员在影视剧中所处的位置,扮演的角色来设计的服装。这种服装有古代的,也有现代的;有现实的,也有神话般的;有本国的,也有外国的;有少数民族的,也有世界各地民间的;有集体的,也有个人的。所以这类服装是极其丰富而有特色的。

一、影视类演艺服装款式设计

影视类演艺服装的款式设计原则概括为既源于生活,又高于生活。影视类演艺服装来源于生活服装,同时也经常渗透、影响着生活服装。生活服装是影视类演艺服装创造的源泉与依据,影视类演艺服装是经过艺术加工、提炼后的生活服装。因此,设计影视类演艺服装需"合乎历史考据"而不是凭设计师的主观臆断。这正是与一般意义上的时装设计师的设计所不同的主要原因。另一方面影视类演艺服装是根据银幕剧作所规定的情景所设计的服装,它是具有剧作因素的典型人物服装,是受到一定时间、空间等因素制约的,因此,尽管在影视剧中所刻画的大多数人物也是身着日常生活服装,但这与现实中的社会人(或与在看影视剧的观众)所穿的日常生活装是有一定差异的。

任何角色和人物都处于一定的时间与空间中,而影视服装是专为角色服务的。因此,在设计款式时要结合影视剧叙述的时代和地域文化等特征,根据人物的年龄、职业、身份、地位、性格等以及人物所处的年代、时期、地域、民族等密切关系来设计。影视剧中总会有主角与配角,在角色的分配上,款式应有所不同。在款式的设计上通常采用的手法是先设定主角服装款式,并严格注重其款式的排他性,运用以简衬繁(次要人物简,主要人物繁)和以繁衬简(次要人物繁,主要人物简)的方法使其他次要人物和群众角色一律退让于主角之后(图6-11)。

图6-11 电影《大上海》时间空间与演员服饰的协调

二、影视类演艺服装色彩设计

影视剧中的服装色彩与生活中的服装色彩有着很大的不同,与绘画中的色彩也大相径庭。影视类演艺服装色彩设计需注意两大特点:一是色彩与角色,二是服装色彩的流动性。

(一)色彩与角色

影视剧中演员的角色主次分配不同,其各自的服装色彩的设计也不尽相同。影片故事主要是围绕主要角色这个层面发生的故事情节与事件来向观众展开的。主要角色包括主角和主要配角是表演中的第一层面,这类角色是表演层次中的主体层,因此这个层面的演员的服装是设计师重点设计的对象,在色彩上应做到有突出的视觉感和心理效果。同时不同色彩运用在不同角色服装上又有不同的表达意思。如白色运用在男青年服装中有洁白、纯真的效果;运用在女青年服装中有清纯、纯洁的效果;而同是白色,将其运用于老年男士服装中就有一种清洁、神圣的效果。同样,灰色作用于前者将呈现出阴郁和绝望,而作用于后者将呈现出荒废沉默和死亡等效果。被称为表演中的第二层面的次要角色又可称为次要配角,这个层次的服装既注重款式造型、面料的运用,又注重色彩设置与组合的效果。服装色彩的对比也就是人物之间的性格对比,因此通过服装色彩恰到好处地刻画出配角的各种性格,相对地也就是加强了主角的性格与形象。角色中起烘托、渲染主题作用,服务于主、配角表演的陪衬演员,被称为第三层面的演员,他们的服装色彩是以群体来构成色彩的块面的,在设计此类人物的服装色彩时,色彩既不能单调,但也不能太杂乱,必须有一个主色彩来统一全局,既调和又有对比,才不至于使人感到眼花缭乱。一般群众场面的服装,只要求色块,不重局部,不必太重视形态与细节,而是要确立好与表演主体服装(即主配角服装)的色彩平衡、调和或反衬作用即可。

（二）服装色彩的流动性

设计影视服装像设计生活服装一样要考虑整套服装在色彩上的统一、协调或对比性,以及针对穿着者即设计对象的年龄层次、色彩喜好等因素。另外,还须使服装和穿着服装的演员融入整个流动银幕画面色彩去构造、去思考、去创作,因为影视是流动的画面,其色彩也是处于不断运动的状态中的。

三、影视类演艺服装面料设计

（一）体现完满形象

影视类演艺服装面料的特殊性在于它和服装、演员联系在一起后,不同的面料通过角色的服用会产生不同的艺术效果,使得这些面料的特质在观众心里有了进一步拓展联想的领域,如织锦缎表现贵族身份,粗布反映普通庶民形象,使观众在直观的第一印象中认定角色塑造的意义,从而使其服装面料的隐喻价值为银幕形象塑造开辟了新的领域。不同面料的物质特征,如肌理效果、织造特色、色彩感觉、轻薄厚重、悬垂与飘逸,均给人以直观与暗示。服装面料通过它们自身的特殊成份质地,能在观众的视觉中唤起与面料相对应的感受与情绪,通过外在面料给角色某个定义,例如丝绒的华贵、玻璃纱的虚幻飘逸、皮革的力量等,每一种面料都有着不可替代的表现力,这些均是影视类演艺服装设计的特殊性表现。

（二）与生活服装的关系

影视类演艺服装面料的运用与选择均比生活服装的暗示价值更鲜明、更强烈、更有可塑性,其材料与生活服装既相同又有差异。其相同点体现在各类服装均由面料、辅料和里料三部分构成,且主要采用针织品、梭织品、皮革等为基本材料,种类上有棉布、化纤、绸缎等几大方面。其不同点主要在于影视类演艺服装是源于生活,又可以高于生活,但往往有时电影是无法真正而又完全丝毫不经加工、不经处理地再现生活、再现现实世界的。影片可能描述的是不同时期发生的故事,因此片中的服装面料也应是采用当时普遍使用的面料,但有时有些面料由于时期太早而无法确定当时人们穿着究竟是怎样的面料,组织结构、肌理感无法研究,因此经常把现有的类似风格的面料进行一定的处理后再加以使用。

（三）真实一致性强

电影和电视可以把任何细微的、难以引人注意的细节通过特写镜头拍得一清二楚，甚至可以扩大到夸张、变形的地步。因此，影视的特性要求对服装面料运用相对于舞台服装的真实性强得多，艺术表现的成分也要高于生活服装。影视类演艺服装不同于舞台服装体现于，在舞台上服装面料只求质地与色泽的相似，而不十分要求材质成分的华贵与优劣，影视类演艺服装虽然也相对更注重色泽与质地，但由于电影里人们表现得更加具有生活性和真实性，它没有戏剧那么具有假定性、夸张性和戏剧性，因此影视类演艺服装面料与生活服装的真实一致性要求较强。

（四）选材广泛和面料功能性要求较低

由于影视作品可以涉及到任何的时间与空间，所以很多面料的选择可以超出日常装面料的范围。它虽与真实生活服装一致性强，但毕竟是演绎，使其选材比生活服装更广泛。再加之影视类演艺服装穿着使用时间的短期性，一般是当一部影片拍摄完毕后，男女主角和配角的主要服装较少会多次重复利用，但是一些基本性的服装如衬衫、毛衣、军装或群众性的服装会反复使用。因此，影视服装不必像舞台服装那样要在一次又一次的表演时穿着使用，更不用像生活服装那样在日常生活中经常穿出门，正是由于影视服装面料的使用短期性，才使得对电影服装面料的功能性的要求降低。一般对生活服装要求所具备的功能性，如耐用、耐磨性，透气、透湿性，以及外观保持性，对电影服装则无须如此要求。

（五）其他因素

设计影视类演艺服装是一项综合性很强的工作，需要各方面的综合能力与知识。作为影视类演艺服装设计师，必须在了解一般服装设计的专业知识外还要对摄影、灯光照明等业务知识也应有一定的了解。因为影视类演艺服装设计中的化妆、道具要达到质感好、色彩还原好，符合服装师、化妆师、道具师的设想和艺术上的追求，与摄影师和照明师的配合是一个极其重要的环节。服装设计师在设计服装颜色时，一定要先与摄影师和照明师沟通好，使他们在摄影师和照明师的帮助下获得理想的效果，当摄影师和照明师在拍摄或布光中遇到困难的时候，服装设计师也要在人物造型等方面给予积极协助和配合，使画面构图、光影效果、色彩气氛的构成达到最佳要求以及预期效果。

第七节　演艺服装设计流程

对于戏剧、影视等有剧本的演艺服装，其设计程序比较相近，有阅读剧本、与导演沟通、获取创作灵感、艺术构思、了解演员、绘制效果图、提审定稿、制作、试装彩排等过程。舞蹈、演唱、杂技等无需剧本的服装设计过程相对简单一些，本节将针对较为复杂的演艺服装创作过程进行阐述。

一、设计定位

确定演艺的形式,如电影、电视、歌剧、舞剧、话剧、戏剧、曲艺、音乐会等;确定演艺的空间,如远、近、大、小、室内、室外等。

二、阅读剧本

阅读剧本是服装创作的第一步。对剧本所给予的条件、提供的信息、规定的空间进行创作。了解有关作品形式、主题(作品原创人员的创作意图)、类型(喜剧、悲剧、正剧等)、题材(历史剧、现代剧、童话剧等)等。对作品文学风格、作品情节、时代地域、人物造型进行初步浏览和了解。

三、与导演沟通

演艺服装都是导演在演出创造中作用于演员的外部包装手段,服装设计师应接受导演的既定方案。例如,表演主题内容为"关注环保",导演要求以"绿色为生命"来揭示主题,服装设计师就应在演艺服装的式样、色彩、材料上折射出这个主题与命题,这样"自然形态""绿色""再生材料""天然纤维纺织品"等就成为所把握的核心内容,藉此而构成服装形象,深化"环保"主题。由于其"设计与功能受限性原则特点"性质不像时装设计那样,仅展示设计师本人对时装的理解与发挥。演艺服装具有"演艺"的定性,因而决定了它必然与整个演艺活动中的主创群体,如策划、导演、表演者、美术设计(空间、灯光、化妆、道具)等部门构成不可分割的关联。因为演艺服装是构成整个演艺活动的一个组成部分,所以演艺服装设计师只有与以上各个部门相互依赖、相互补充,才能使表演者的视觉形象更为鲜明,才能准确揭示演艺活动的主题,在整体的和谐默契中体现出自身的价值。

演艺服装设计师与导演的交流贯穿在整个活动中,首先听取导演或策划者阐述演艺活动的整体构思与安排,领会、感悟导演的创意原旨,再根据这些安排与要求制订其部门的设计方案,这个前提对于演艺服装来说是非常重要的,跟导演的创意思路取得认同默契后,才能在某种境界规定之下进行艺术想象、施展才赋,跟导演的这种默契,并非处处追随导演,而是要趋同与导演所认同的艺术审美品位和精神高度,设计师必须在遵循服装所独有的艺术规律外,再以服装语言展开创意境界,反过来超越、提升导演的创意。

四、获取灵感

前文提到的演艺服装有源于生活,又要超越生活的共性特征。生活是艺术创作的源泉,艺术又是生活的提炼与升华。如何在生活中取得第一手资料的方法可以分为直接资料和间接资料。直接资料,即按照创作需要进行社会调查、生活考察、采风、访问等方法,通过直接参与生活、体验生活得到亲身感受,这种方法适合用于现代题材的作品。间接资料,即可通过书籍、报纸、杂志等媒介,获得文字、图片、照片,尽可能挖掘、掌握那个时代人物服饰形象的资料。也可以采用观看同时期影视片或人物访谈等渠道去收集、考证资料。一般在图书馆、资料馆、博物馆、影像馆、美术馆以及网络收集这类资料。

取得可信的资料对于设计的顺利开展至关重要,在进行这一步骤工作时需要有严肃、认真的态度,对社会、观众负责,要有强烈的责任感和使命感。尊重历史事实,在科学和社会的基础上进行艺术处理。

五、艺术构思

艺术构思环节是演艺服装创作的中心环节，对收集到的素材进行提炼、加工、升华。首先要明确创作风格；其次要确立服装的造型，包括形态和样式；第三要制定色彩基调，要考虑全剧的色彩基调、色彩明暗的分配和演员角色的服装色彩分配；最后要考虑服装的可实现性，应用恰当的材料、选择正确的造型，帮助演员更好地塑造形象，不能让服装增加演员的负担。

六、了解演员

了解演员的年龄、身高、体型、气质、肤色等形象基本条件，可以通过与演员的沟通，明确演员需要展示的和需要弥补的内容，有针对性地让设计形象与演员接近。

七、绘制效果图

效果图有两个功能：其一，是为主创人员、演员提供完整的人物形象，检验是否符合创作要求，丰满人物创作；其二，为后道工序的成衣制作提供具体的参照，包括服装款式造型、装饰配置、规格要求、面料选用等，个别装饰细节或者缝制规格要有详细说明。

八、方案提审

方案提审是将设计构思和方案交付主创人员，包括导演或其他各演出部门，进行评审、讨论，听取各方面意见，经多次调整、修正，服装定稿后再进入成衣制作阶段。

九、成衣制作

在演艺服装成衣制作过程中，设计师的任务主要是介入尺寸规格统计预算、选料、监制等几方面工作。

十、试装、彩排及修正

最后将服装放到连排、彩排或试镜的具体表演空间中去检验，根据环境与灯光对服装效果的影响，不断通过试装与合成来检验服装是否达到整体上的和谐与局部上的完美，将不和谐之处记录下来，并迅速转告制作部门调整，这时也应该认真听取编导及主创人员对服装的意见，采纳合理之处且一并修正。

■ 小资料

上海大学生艺术实践基地展演周活动——大型服饰文化秀

一、服饰文化秀要求

明确"2009年上海大学生艺术实践基地展演周活动"主题、目的和要求。通过与主创人员的沟通了解到本活动是上海大学生艺术实践基地成立及建设5年多来在社会大众面前的首次集中亮相,也是上海高校以实际行动向新中国成立60周年及2010年上海世博会的一次倾情献礼。大型服饰文化秀需要体现中国主要朝代服饰文化特色。让观众充分感受中华服饰文明的恒久魅力。

二、服饰文化秀服装设计流程

为了提高效率、准确达到项目要求,整个活动需要遵循以下主要流程:项目沟通、获取灵感、绘制效果图、服装制作、服装评审、试装和彩排。

(一)项目沟通

项目主创人员与活动主办方代表就整个项目的需求、内容和主要问题展开充分的沟通。主要围绕以下内容开展讨论。

1. 研究以往展演周活动内容

了解以往上海大学生艺术实践基地展演周活动的主办方情况、目的意义、活动时间地点、举办形式、参与活动的人员构成以及活动的经典成功案例。

2. 讨论本届展演周活动主题和内容

讨论分析本届展演周的主题、目的和要求,结合大型服饰秀的特点,就如何体现中华民族历代服饰特色进行头脑风暴。

3. 制定项目时间节点、人员安排

确定项目时间节点安排,关键时间节点包括设计稿件递交、设计稿件评审、设计稿件修改和定稿、服装制作、服装评审、服装修改、服装定稿、服装试装、表演彩排和正式演出。

人员安排包括设计团队、服装制作单位、服装模特、秀场编导等。

4. 确定大型服饰文化秀的服装套数、主要朝代

根据活动的时间安排和场地确定服装套数为50套,选择中国主要朝代:远古时代、夏、商、周、秦、汉、唐、明、清。

(二)获取灵感

从上海图书馆以及学校图书馆中查询相关书籍,摘录文字和图片资料;走访上海纺织服饰博物馆,采集历代服装实物照片;通过网络查询历史服装资料照片、文字资料和影视作品。

把收集到的资料进行分类整理,找出典型款式、细节特征、主要色彩、面料材质、服饰配件等设计所需的参考资料。

(三)绘制效果图

利用电脑Photoshop软件对手绘的效果图进行上色处理,直观展现设计的立体着装效果。用CorelDraw软件绘制平面款式图和细节说明图,用以指导服装的制作。

(四)服装制作

由具有丰富经验的演艺服装制作单位负责进行服装的制作,由设计师进行跟单。服装制作完毕后,召开设计人员内部评审会议,对服装存在的问题提出修改建议并落实修改。

（五）服装评审

邀请主办方代表、所有设计人员和若干普通观众就服装进行试装评审，并提出修改意见。制作方落实修改内容直至所有服装通过评审。

（六）试装、彩排

在正式演出前由秀场编导组织模特进行试装、走秀形式编排、走秀音乐准备等工作。演出当天进行模特带妆彩排。期间服装发生损坏等问题由设计师和制作方一起修正（图6-12）。

图6-12　大型服饰文化秀之唐朝服饰文化

本章小结

本章节主要针对舞台类、广场类和影视类演艺服装的要点展开叙述，通过三大类演艺服装的细分，详述了款式设计、色彩设计和面料设计的特点。最后以设计实例来巩固理解演艺服装的设计流程。总的来说，演艺服装的产生和发展与演艺活动的发展和衍变息息相关，所以演艺服装的发展是贯穿融合在演艺活动的发展衍变中的，随着演艺活动的日趋丰富，演艺服装也随之不断变化发展。

思考与练习

1. 详细列举演艺服装的种类,对它们进行归纳和总结并提出自己对这些服装的见解。

2. 从舞台类、广场类、影视类优秀作品中挑选一个自己最喜欢的作品,并对其服饰设计进行分析和评价。

3. 挑选自己喜欢的演艺服装种类进行系列设计。

第七章 公益服装设计

随着社会的进步和发展,人们精神层面的需求进一步提高,更多的个人、企业和群体开始加入到社会公益事业中。在这个大背景下,潜移默化地推动了服装行业中公益服装链的发展。国内公益机构的增加和各种公益活动的开展,对统一着装的需求也越来越大,而与此同时,针对公益服装的设计研发专项研究非常少,甚至还没有形成体系和专业人才培养机制,作为比较特殊的一类专项服装设计,需要引起更多服装专业人士的关注。

第一节　概　　述

公益活动是指一定的组织或个人向社会捐赠财物、时间、精力和知识等活动。公益活动的内容包括社区服务、环境保护、知识传播、公共福利、帮助他人、社会援助、社会治安、紧急援助、青年服务、慈善、社团活动、专业服务、文化艺术活动、国际合作等。公益宣传依靠各种形式的活动，其参与人员的着装是一种有利的宣传媒介。

一、公益服装定义

公益性服装是不以盈利为目的而设计的服装。多用于各类公益活动，不论从款式上还是色彩上都与此活动的主题紧密相关，是活动的载体。一般是在特定时间、地点、场景中穿着，通过服装上的图形、文字、色彩等元素宣传公益组织或活动主题。统一的公益性服装可以使个体或群体的着装具有一定的象征意义和象征效果，多用于大型广场表演、志愿者服装、广告推广服等。

二、公益服装现状

当前公益服装设计中存在品种单一、款式简单、设计重点不突出、服装缺少功能性等问题。

（一）品类单一　款式简单

在公益服装品类中，常见的服装品类有恤衫、马甲、夹克衫。从公益服装的造型来看，款式相对简单，其中最常见的款式造型是宽松 H 型造型的恤衫。由于它的制作成本低廉、生产周期快速、易于穿着与搭配，被广泛应用于各类公益活动。但从公益服装的整体形象上来看过于传统，对活动的宣传推动力度一般。为了扩大活动的影响力、增加参与人员的积极性，可以通过增加服饰品类和提高服饰搭配性来解决这一问题。如公益服装品类中增加下装或帽子、鞋包等配饰产品，强调公益服装的整体搭配效果，更容易被辨识和记忆。

（二）设计生硬　重点不突出

公益服装的设计多以色彩、文字、图形等设计元素来展现其组织形象及公益活动目的。多数常规类公益服装的色彩效果比较强烈，但在一些图形、符号的使用上过于直接和生硬，使符号和服装之间存在着一定的视觉心理距离。解决的办法是在保留图形、符号原有含义的基础上丰富设计方法，比如，将宣传符号用纽扣等装饰物来表现，或者用服装语言、色彩从侧面表达主题。在少数情况下公益服装中重点不突出，有较为夸张甚至"不美好"的形态，冲突性太强，且只限于展示而不易于复制传播。解决的办法是分解、弱化不和谐元素，同样转化为服装语言，精炼出核心要素增强其视觉关注度和感染力。

（三）表面实用　忽略功能性

公益活动为了扩大影响力和参与度，经常选择户外开展。一方面，由于气候、环境等因素的影响，在设计中不应该只考虑这类公益服装的表面实用而忽略功能性。目前在国内的公益活动中常常忽略掉这一需求，服装缺少防雨、防晒、防寒等功能设计，建议在设计这一类公益服装中可以适当借鉴户外服装设计中的选材和防护性细节。另一方面，由于公益活动的工作需求，参与活动的人员可能会随身携带很多物品，如宣传文件、文具、个人物品等。在不能携带包袋的工作场合，这些随身物品的摆放需要在服装设计中考虑进去。所以服装的多口袋设计或隐藏式功能性设计可以在一定程度上解决这一问题。

第二节 公益服装分类

目前国内外公益活动内容丰富多样，由于不同的公益活动对服装的需求是不一样的，因此可以把公益服装进行分类研究，本节挑选公益活动中最典型的两个内容：志愿活动和广场类公益表演活动，就其服装分类进行描述。

一、志愿活动公益服装

志愿活动公益服装一般要求在公益活动中群体统一着装，也可作为某一公益组织的统一制服。此类服装设计要与公益活动的性质、主题内容密切相关。无论是款式、色彩、材料都必须符合公益活动的要求。另外，因其公益性活动不以盈利为目的，活动经费往往来自于企业或个人的捐赠，所以在志愿者服装方面的开支比较紧张，这就要求在设计该类服装时需要考虑到成本问题，款式简洁，服装可重复使用，可见公益服装的成本也是值得我们关注的一项问题。公益活动除了需要服装设计外，配饰设计也是相当重要的。由于公益活动往往是在户外发生的，会受到环境天气等因素的影响。不论服装还是配饰的设计，都必须在统一的公益活动主题内容之下开展。

（一）社会公益T恤

公益T恤是最常见的志愿活动的服装品类，常把宣传口号印制在公益T恤的胸前或背后部位，目的在于通过公益的话题赢得观众的道德认可和信仰认可，向社会公众传达理念，连结起更多的人群，以期待最终引起众多的人群对问题的关注并使得该问题得以解决。这类T恤图案简洁，多采用标志结合文字的图形图案，色彩尽可能不超过三种，色彩冲击力强烈，文字多以标语的口气，说服性、煽动性强烈，简洁有力。能快速记录下时代背景和政治经济时事，能适时反映当时当地的文化特征，承载文化的变迁及更替，同时表现出设计者、穿着者的意识形态和生活情绪，体现一种平民百姓的人文关怀，形式上较为随心所欲，不受拘束（图7-1）。

（二）媒介性公益服装

出于某些非商业目的而进行对外宣传活动，以期望得到社会的知晓或认可。经济利益始终不是其传播的最终目的，而是以提倡和宣扬某些积极、健康、向上的精神理念为内容，往往这些内容具有明确的主题性。这类活动常用的服装款式是T恤和夹克衫，其服装形态都有明确的对象和象征性，具有了形态符号的认知功能，能够作为特定的视觉符号进行信息的多重传播（图7-2）。

图7-1　Vivienne Westwood 联手绿色和平组织推出"Save the Arctic"T恤宣传广告

图7-2　凡客诚品品牌邀请众明星共同倡导潮流微公益活动的恤衫

（三）伴随式媒介性公益服装

伴随媒介是指在公益宣传为主要目的活动中，伴随有部分赢利收益的传播活动。比如常见的各种以企业赞助冠名的公益性活动。有种观点认为企业赞助冠名的公益活动是商业性的，本书则认为不能一概而论。因为公益性的活动本来就需要经济支持，企业是否以公益的名义作自己的广告要看宣传的效果是否到位，如果企业在达到了一定的广告效果的同时也实现了公益宣传应有的价值,仍然可以将之归属于公益类的传播活动。但是由于企业信息的介入,公益宣传的内容混入了商业的成分,因此这种宣传是伴随式的公益活动。

此类传播对于装束的要求与公益性的基本相同,所不同的是,伴随式公益服装整合了一部分商业性的信息,需要理清它们的主次关系,以避免让商业利润占据了主导地位,在设计中可以适当加入赞助企业的视觉形象元素,但需要采取含蓄、弱化的设计语言(图7-3)。

二、广场类公益表演服装

广场类公益表演服装是表演者在特定的时间地点场景中,为体现某个主题或庆典内容而穿着的服装。在活动中,服装与表演者一并成为阐述主体的形象媒介,起到了揭示主题内容的作用,同时具有形式美感的观赏价值。

图7-3 GIORDANO赞助伊甸基金会"邀您用微笑响应永不放弃"活动限量T恤

广场类公益表演服装在服装门类中具有混合型的特性。它虽不完全像舞台(包括戏剧影视)服装那样讲究过程和冲突,不注重人物的身份、性格区分,不是很讲究史实性,也不完全像生活中的时装那样追求时尚流行与个人的审美好恶。但它也包含以上门类服装的成分,如舞台表演服装的综合性,体现在与主题、舞美、灯光、效果等关系上的协调,生活服装的时尚潮流与流行材料等内容。广场公益表演服装在设计视觉上非常讲究,它要准确地揭示表演风格、庆典内容、歌颂的主题。服装一旦与表演结合,并受主办者价值取向与目的的支配,也就构成了一个具有表演性、主题性、抒情性、道具性等综合特性的服装类型。广场类公益表演服装具有强化主题、烘托气氛、组织画面、启发联想的价值(图7-4)。

图7-4 2014年南京青奥会志愿者广场公益表演服装

第三节 公益服装款式设计

公益服装的设计也需要掌握一般服装设计的原则和方法,同时需要注意公益活动的需求和一些特殊设计要求。概括起来可以从款式、功能、系列方面来看。

一、款式通俗性

由于公益活动的性质和参与活动人员的工作性质,公益服装需要款式简洁大方,无需很多的细节处理与大量的装饰设计。一方面降低成本,另一方面适应各种身材体型的人穿着,还可以重复使用。根据季节气候的不同,款式也有所变化,主要的变化有袖长、领型,为了节约成本适应不同季节穿着,所以经常采用马甲、T恤款式。

二、穿着便利性

公益服装还要考虑到穿着的便利性和可搭配性。为了方便穿脱,公益服装多为套头衫或使用拉链门襟,拉链不仅牢固而且能够起到一定的装饰作用,更符合穿着方便的要求。某些公益活动为了控制成本,在款式上会选择恤衫或背心,活动参与人员往往是在自己的服装外套上统一的公益服装,所以在穿着方便的基础上也需要考虑该服装的多样搭配性。

三、款式统一性

志愿者活动类公益服装为了突出活动的主题内容,达到统一视觉的目的,不仅在款式上达到统一,在图案或文字等视觉元素的设计和摆放位置上也很有讲究。该类元素通常设计在衣服的领口、左胸部、袖口、背部、袋缘、拉链头等部位,服装上除了该类视觉元素以外还常配以活动口号、活动机构、活动时间地点等文字信息,需要考虑这些设计内容在整件服装中的摆放位置、比例大小、色彩关系等因素,有些视觉元素如公益组织Logo还可以立体的胸针形式出现。

四、款式细节功能性

志愿者活动类公益服装款式的简洁化,不代表没有细节设计,设计师还要关注一些细节的功能化设计和配饰设计。

（一）多口袋细节

志愿者在参与公益活动时一般不能携带大量物品,为了方便志愿者携带一些必需的随身物品,如手机、钱包、钥匙等,可以考虑功能化的口袋设计,一般可以是立体袋或是插袋。口袋设计除了可以摆放一般物件以外,还可以设计一些专门性的功能性口袋,比如插笔的笔袋,便于志愿者携带书写工具。插身份卡的袋子,方便志愿者的身份标示以及不易遗忘身份卡的携带。可存放钥匙、零钱的内袋,手机袋等(图7-5)。

（二）可拆卸设计

为了节约成本,有时一件公益服装要穿四个季节,除了采用马甲、T恤款式以外,还可以通过增加一些简单的功能性设计解决这一问题,如:袖子、裤子的可拆卸设计,通过拉链或揿钮的

正面　　　　　　背面

图7-5　青年志愿者多口袋背心

可拆卸连接,可以使春秋季穿着的长袖上衣或长裤变成短袖、马甲和七分裤,同样适用于夏季炎热的气候,另外也可以通过多种搭配方式用于区分不同的工作岗位。这样的功能性设计一方面节约了服装的经济支出,另一方面也使得公益服装简洁但不简单(图7-6)。

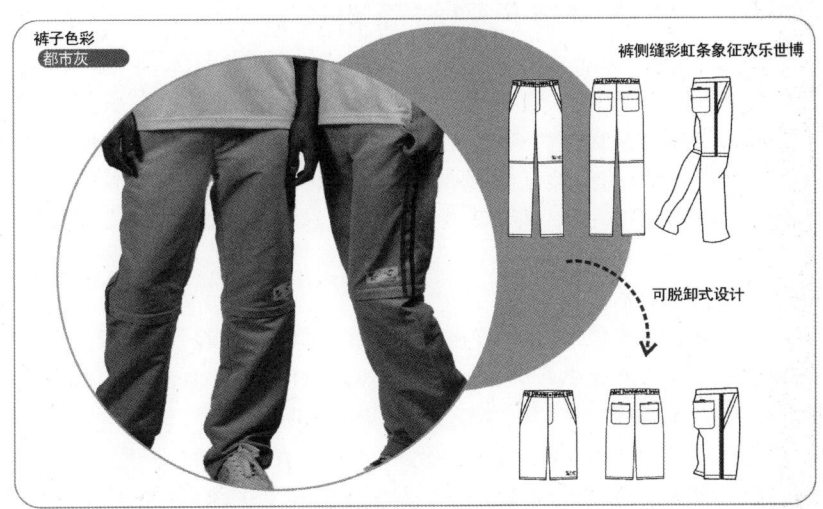

图7-6　2010年上海世博会志愿者制服长裤可拆卸设计,适合春夏秋三个季节穿着

(三)配饰设计

在服装的配饰设计方面,由于公益活动的户外性,所以可以考虑增加配饰的装备。带帽檐的帽子可以为志愿者挡去烈日的照射,帽子的设计重要考虑到Logo的摆放位置、大小比例、颜色以及与服装的搭配性,除了帽子外还可以考虑到其他方面的配饰,比如2010年上海世博会除了向每个志愿者提供同样的服装,配饰除帽子外,还有随身带的便携包(图7-7)。

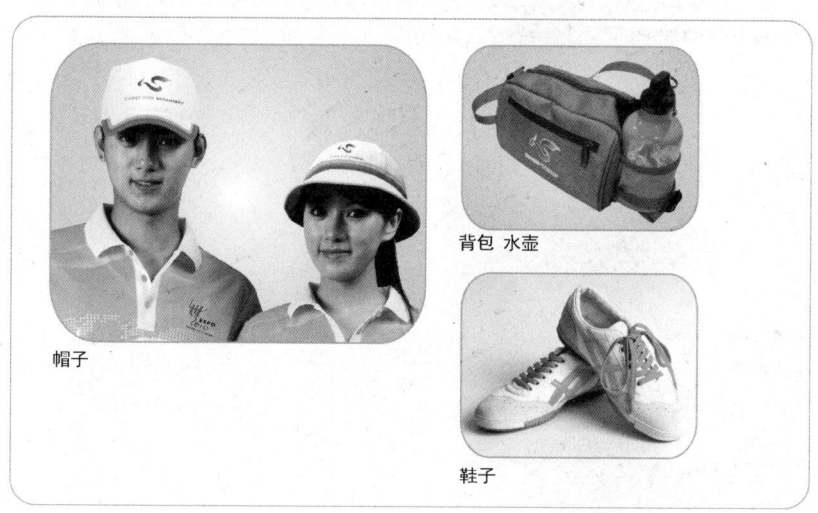

图7-7 2010年上海世博会志愿者挎包、帽子等配饰

第四节 公益服装色彩与面料设计

公益服装色彩的选择可以从公益组织或活动赞助企业的形象识别系统中提取,或者选择能够体现活动主题和意义的色彩,运用恰当的色彩也能够成为公益活动的一个亮点。公益服装面料则是需要根据穿着季节、产品品类来挑选。

一、与活动的整体色彩相呼应

公益服装的色彩设计要与活动的整体色彩相呼应,色彩要带有象征性,起到号召、宣扬、鼓动等作用。公益活动通常在比较大的户外公共广场进行,所以对它的整体性要求就更高一些,同时必须符合活动主题要求。为了起到醒目、宣传的作用,可以采用明度、纯度较高的颜色,如柠黄色、紫罗兰、湖蓝色等。在色彩搭配中也可以选用对比色或互补色的搭配,再用无彩色的黑、白、灰色进行调和。可以把色彩通过拼色处理或用图案表现产生视觉的跳跃感,可以吸引路人达到宣传的效果。例如:2012年伦敦奥运会的志愿者服装采用了紫色和橙色这一组对比色的搭配,通过两个色块的相拼处理,制服靓丽、醒目,成为伦敦街头、奥运场馆和公共设施的一道风景线,漂亮鲜艳的志愿者服装为伦敦奥运会增添了亮点(图7-8)。

二、与组织的VI色彩相呼应

公益组织也会有自己的形象识别系统(Corporate Identity System,简称CIS),包括理念识别——Mind Identity(MI),行为识别——Behavior Identity(BI)和视觉识别——Visual Identity

图7-8 2012年伦敦奥运会和残奥会志愿者服装运用了紫色和橙色的靓丽配色

(VI),它体现整个团体的性质、信誉、社会作用等,决定和明确昭示了公益组织的使命、目标、主张和行为准则。其中,视觉识别系统(VI)是以组织的标志、标准字体、标准色彩为核心展开的完整、系统的视觉传达体系,是将公益组织的理念、文化特质、服务内容、规范等抽象语意转换为具体符号的概念,塑造出独特的视觉形象。运用VI色彩不仅能使整个活动形象化,更容易得到别人的认可,最终会获得社会的认可。因此,根据VI系统设计出来的服装更能代表整个公益团体的整体形象,使人印象深刻。比如:中国青年志愿者服装,就是以其VI中的色彩——红色、白色作为志愿者服装的主要用色(图7-9)。

图7-9 中国青年志愿者服装采用VI中的红白两色为主要用色

三、公益服装的面料

公益服装的穿着是四季都可以的,应该根据季节的不同,夏天选择较为透气的面料,冬天考虑到服装的保暖性,但又要考虑到服装的成本问题,那么面料的选择就极为重要了。由于公益活动的志愿者长期在户外进行工作,由于天气气候的影响,服装面料要能够应付突变的天气。棉、化纤等是公益服装常用面料,其优缺点见表7-1。

表7-1 常见公益服装面料优缺点比较

面料	优点	缺点
棉	具有保暖性好、吸水性强、耐磨耐洗、柔软舒适的特性	弹性较差、缩水率较大
麻	吸水性好,感觉清爽、挺括、耐久易洗	柔软性差、容易起皱
化纤	可以做功能性很强的服装,例如运动服、登山装等	与皮肤之间的触感不好,穿在身上感觉不舒适,而且透气性较差
混纺织物	可以与天然纤维进行混纺,集多种材料的优点于一身	部分混纺织物在使用过程中需要注意洗涤、熨烫的要求,以免损坏

第五节 公益服装的图案印刷工艺

在志愿活动或广场类公益活动服装中除了缝制工艺以外,图案印制工艺也是主要工艺。在服装上印制标志、宣传口号、图案等,达到广而告之、统一着装、烘托气氛的目的。如志愿者活动类公益服装大多是造型简单的T恤衫、外套,使其设计重点也就落在了图案设计上。对图案的设计,首先必须掌握这类公益服装图案印制的基本工艺,还要了解生产者的图案印制技术水平及所用的图案印制设备。设计人员设计的图案如果与生产者所掌握的技术工艺不相符,则印刷出来的图案达不到设计者的意图和要求,甚至根本无法施印。因此,公益服装设计师必须是图案印制工艺的熟练掌握者。这里介绍几种常用的公益服装图案印制工艺。

一、丝网印刷工艺

丝网印刷工艺由于其操作、实现的简单性和印制成本较低,使得它成为最常见的一种公益服装图案印制工艺。它的实现材料包括网框、丝网、感光胶、钉网钉、粘网胶、封网胶带等。制作网版的工具主要有:绷网器、绷网钳、钉网枪、上胶机、上胶刮斗、烘干器、晒版机、喷水枪等。木制网框的材料以杉木为佳,质地太硬的木材钉枪难以将网钉钉入,质地太松的木料又容易变形松动。由于公益服图案印制大多采用水性涂料,所以宜采用涤纶丝网,因为尼龙丝网遇水容易膨胀松弛。这种工艺最适合印制服装上的图案,可以一次性进行大批公益服装的印刷。

二、电脑热转印

随着人们生活节奏的不断提高,数字式成像、数码印刷应运而生。电脑热转印是利用常用的喷墨打印机就可以转印这类公益服装图案的工艺。整个步骤是:数码照相或平台扫描图文—电脑图文处理—打印转印纸—热转印—成品。先将事先设计好的主题图案的图片用扫描仪存储到计算机中,也可用数码照相机拍照后存储,根据需要用专用图像软件进行加工修改,当完成图像输入、颜色校正等一系列工序后,即可采用专用热转印纸"镜像打印"。镜像打印是指转印一个相反的逆过程,必须采用反向打印方式解决,接下来就可以进行升华转印,用电熨斗或烫画机烫印,烫印过程如下:

(1) 先将衣服用熨斗熨平,待其冷却后再烫画;
(2) 将烫画纸打印面向下,四角与衣物印面四边平行;
(3) 缓慢推动熨斗 1 min,温度 150℃左右,确保熨斗全面烫印到衣服上,反复压烫;
(4) 随后趁热去掉转印纸,拉平衣服;
(5) 所印服装质地应为纯棉制品,因彩色喷墨与其他质地的面料不能很好地凝固着色。

这种方法较之第一种方法对时间的需求更少,所以它将慢慢取代传统的丝网印刷工艺。

■ **小资料**

2010 年上海世博会志愿者服装

一、世博会与志愿者主题理念

(一) 本届世博会主题

城市,让生活更美好(Better city, better life)

(二) 志愿者口号

主口号:"世界在你眼前,我们在你身边",副口号:"志在,愿在,我在"。

围绕着上海世博会的主题,城市未来的美好,志愿者是其中一道不可或缺的风景线,志愿者的无私、热情、友善以及好客,都会让上海这座城市展现更多、更可爱的一面。

(三) 志愿者服装设计主题

志愿者服装设计的主题是:"世界在我心中"。

二、志愿者服装设计需求

(一) 穿着需求

世博会召开时间从 5 月 1 日至 10 月 31 日,时间长度跨过三个季节,志愿者服装需要能够满足春、夏、秋三季穿着需求。

(二) 成本控制

世博会总招募人数大约在 13 万左右,设计需要控制志愿者服装成本。

(三) 标志应用

标志的整体构图为心的造型,在呈现中国文化个性的同时,表达了志愿者的用"心"和热"心"。彩虹般的色彩,迎风飘舞的彩带,是上海热情的召唤。

三、志愿者服装设计

（一）志愿者服装品类套数、主要特点

通过讨论研究历届志愿者服装配备以及志愿者服饰需求调研，制定志愿者服装品类，包含T恤、裤子、马夹、防雨夹克以及帽子、背包、鞋子、水壶等系列配件，所有服装均有长短款，涵盖春、夏、秋三季。并在服装面料、穿着等功能性方面开展研究。

（二）获取灵感确定设计方案

从历届世博会举办情况、上海城市发展、志愿者文化、世界服装流行趋势等方面获取设计灵感。分析世博会主题和目的，提炼出设计关键词。就如何体现本届世博会"城市，让生活更美好"，如何体现志愿者服装设计的主题"世界在我心中"，展开头脑风暴。

决定以"勤俭办博、科学环保、欢乐时尚、和谐多元"为总体设计方针，以"乐""和""礼""幻"为设计主题。这四大主题分别体现了欢乐、和谐、礼仪和现代科技的寓意。服装色彩取自于上海世博会的标准色——白色和绿色的色彩搭配，既预示了绿色环保，又体现了设计方案中和谐、创新的理念。

（三）志愿者服装定样照片

2010年上海世博会志愿者服装最终把"城市让生活更美好""世界在我心中"这些抽象的词汇变成具象的形式体现出来。志愿者服装胸前印制"心"字图案，"心"字是上海世博会志愿者的标志，像一条飘带从胸前飘过，体现了志愿服务的活力，也象征着志愿服务是一座沟通世界、传递友谊的桥梁。服装背后和正面分别印有中国地图和世界地图，紧密契合了世博志愿者"世界在你眼前，我们在你身边"的口号（图7-10、图7-11）。

图7-10　2010年上海世博会志愿者服装图案设计体现"世界在我心"制服设计主题

图 7-11　2010 年上海世博会志愿者服装与整体配饰造型

本章小结

　　本章节挑选了公益活动中最典型的志愿活动和广场类公益表演活动，就其服装设计要点展开描述。除了要知道款式、色彩和面料设计内容以外，还要着重了解视觉识别系统在公益服装设计中的重要性和意义，同时掌握公益服装图案印制工艺的特点。最后，以世博会志愿者服装的设计实例进一步巩固公益服装设计的要点和内容。

思考与练习

　　1. 比较国内外公益服装现状，包括分类、设计、工艺、面料、色彩等内容，分析未来公益服装的发展趋势。

　　2. 为某一公益组织的某一公益活动设计服装一套，要求既要在服装中体现该组织的 CIS 系统又要充分体现该活动主旨。

　　3. 模拟设计一系列广场类公益表演服装，要求说明与主题、舞美、灯光、效果等关系上的协调关系。

第八章 礼服设计

　　随着我国人民生活水平的提高,人们的社交活动也相应地增加,生活习惯的改变,对穿着质量要求越来越高,礼服的设计水平和质量也日益受到人们的重视。这就要求礼服设计师不仅要全面了解礼服设计对象、内容,还要熟练掌握礼服设计的方法与制作技巧。目前国内礼服设计专业领域要从理念、内容、形式和工艺技术方面及时开拓创新,培养更多的专项设计人才。

第一节 概 述

礼服是一种特定场合、特殊穿着要求的服装,一般在参加社交礼仪活动,如庆典、晚会、宴会、婚礼等场合时穿着。由于穿着场合和时间有一定的限制,礼服的设计和穿着方式上具有一定的规范性。

一、礼服定义和特点

礼服(Ceremony Dress)即礼仪服装,也叫社交服,是在特定的场合、时间、地点穿着,代表了身份、地位、品味、教养等语言,具有一定礼仪和信仰的功能。广义的礼服包括一切在正式场合,体现隆重、庄严、高雅、优美等风格的服装,如男士燕尾服等。按照适用社交场合不同可以分为正式礼服、晚礼服、表演用礼服、婚礼服、舞会礼服和日常社交礼服等。

礼服不是以大众为目标对象,是针对个体或小范围群体为设计对象。没有成衣那样普及,但是,礼服往往凝聚了审美意识、设计手法和装饰元素。礼服通常具有如下特征。

(一)礼仪特征

礼服主要用于礼仪场合,礼服的设计、制作要与穿着者和出席场合相呼应,礼服的设计往往不考虑穿着的舒适性和轻松感,要求设计独到、制作精良,以呼应特定的场合和反映群体的整体形象为目的。

(二)风格特征

礼服强调个性与风格,以着装者的职业、气质、身份、地位、身材、肤色和穿着场合、时间、环境等因素为依据,采用不同的设计风格进行个性化设计。

(三)品质特征

高级定制的礼服必须通过量体裁衣,使礼服板型更合理,能够最大限度展现或修饰穿着者的身材。经过剪裁和反复试样、修改使服装更为合体。面料和装饰的考究,大量使用手工制作,是体现高品质的重要特征。大众成衣类的礼服则没有那么严格的品质要求。

二、礼服起源与发展

虽然在19世纪末20世纪初提出"礼服"一词,其发展历程绝非于此开始,其礼仪场合、款式、装饰是远古时期慢慢发展而来。礼服是研究人类文明特别是上层统治阶级历史的重要考据,也是推导今后礼服发展流行趋势的重要参考。

(一)中国礼服起源与发展

中国自古便有"礼仪之邦"之称。儒家礼学著有经典"三礼",即《周礼》《仪礼》《礼记》。《礼记·昏义》说:"夫礼始于冠,本于昏,忠于丧祭,尊于朝聘,和于射乡,此礼之大体也。"可见,中国自古便讲究在成年、婚姻、丧葬、祭祀、朝聘等场合穿着不同的服装,以符合儒家礼教思想规范。而礼服为"朝祭所御,礼法攸关,所系尤重"。中国作为文明古国之一,衣冠有明礼仪、辨尊卑的政治功能,历代史记中皆专门辟出《舆服志》,以记录和规范各种合乎礼仪的服饰着装。在礼的制约下人的着装行为自然受到极其严格的规范,因此产生了关于服装的典章制度,即礼服制度,通常称冠服制度,成为统治阶级整个行政系统划分等级贵贱的法则。如祭祀着祭服、朝会着朝服等,服饰从质料、色彩、花纹、款式无不为礼制所规范。

中国的衣冠服饰制度,大约在夏商时期已见端倪,到了周代渐趋完善。礼服主要用于上朝和祭祀,冕服是由冕冠、玄衣、纁裳组成。春秋战国时期出现了一种名为"深衣"的新型服饰,是贵族中流行的深衣式袍服,是一种连体服饰,不仅被用作常服、礼服,且被用作祭服。秦统一中国后,"袍"被规定为礼服。汉代以一种冕服为祭天地明堂的礼服。冕冠服为最尊贵的祭祀礼服,是天子及三公诸侯、卿大夫祭天地明堂之时的穿着。女子礼服中,庙服相当于周代的褘衣,是地位最尊贵的一种。唐代是中国服装史上一个重要的时期,上乘历代冠服制度,下启后市衣冠径道。唐制规定,女服分四种,朝服、公服、祭服、常服。前三种为后妃命妇女官于朝会、祭祀等正式场合穿着的大、小礼服。妇女大礼服有袆衣、褕翟等,常礼服有青衣、朱衣,归嫁礼服有钿钗礼衣、花钗礼衣。官员大礼服有祭服、朝服和公服等。明代礼服服饰仪态端庄、华丽,皇帝礼服保持上衣下裳的古制,由玄衣、纁裳、白罗大带等组成,皇后礼服由凤冠、霞帔、翟衣等组成,贵妇礼服多是红色大袖的袍子,在礼节性场合使用的褙子和合领大袖对襟形式礼服。清代礼服肃穆庄严,清代帝、后礼服的繁复,有着深刻的寓意和丰富的内涵。清朝袍褂作为礼服是最常用的服装,如冠服。补服饰是区别官员品级的又一重要官服,胸前和背后各缀一块有鸟兽的方补。民国时期颁布了《服制》,规定正式场合男子以燕尾服(大礼服)、西服(小礼服)和长袍马褂为礼服。西式服饰和礼仪正式步入中国人的生活。之后,中山装、旗袍等成为中国人的礼服。

(二)国外礼服起源与发展

西式礼服作为西式服装中最具时代文化性和艺术性的服装类别,其演变发展也同样见证了整个人类文化的发展。在西方,礼服的渊源最初可追溯到公元前2000年—公元前1000年的爱琴文化时期,古希腊的各种礼仪活动以及贵族礼仪服饰的特点与其建筑风格相似,悬垂、水平,传递给我们舒缓、自然和平衡的信息。仅用一块长方形的布料,不需任何剪裁,通过在人体上披挂、缠绕和系扎固定来塑造,这种经典款式映射出了现代礼服的影像。在现代奥林匹克运动会上,女祭司遵循古希腊的传统,着古希腊礼服。中世纪"哥特式"的艺术成为了最辉煌的成就,礼服的造型上出现了纵向垂直线,并延长帽饰。文艺复兴盛期,礼服的工艺和造型突出胸部、收紧腰身、突出人体立体感,裙撑在这一时期广泛应用,不但在当时流行于英、法、德、意等国,并间断地流行了近400年,在西方礼服发展中扮演着非常重要的角色,奠定了女子礼服上下分裁、两段式结构的形式。伴随裙撑同时出现的还有紧身胸衣的风尚。巴洛克时期礼服着重强调豪华和浮夸,凸显体积感,大量运用蕾丝、丝绸等贵重材质,内附裙撑或硬质衬裙。洛可可时期强调女性曲线,礼服走向豪奢波峰,追求形式美,趋向精致而优雅,具有装饰性。19世纪礼服面料款式多样化,新古典主义、浪漫主义、复古主义交织在一起,呈现多元化礼服服装分类。20世纪礼服承载着政治、经济、科技、文化的剧变而随之变化,历史进入到一个由设计师创造流行的新时代,礼服设计在这一时期升华到了一个新的境界。如著名设计师克里斯汀·迪奥(Christian Dior)在1948年推出的鸡尾酒会礼服,前开胸较低,领口成V型,裙身有A字裙或直身裙。20世纪七八十年代出现了尽显曲线美的S型样式、简约式大蓬裙型、长裙或迷你形,礼服全面自由化、多样化。

(三)国内礼服现状

随着人们生活方式的改变,从事外事活动、商务会议、各种宴会、庆典活动、演艺活动越来越多,人们也越来越重视服装在礼仪场合的作用。做工精良、剪裁合体、与周围气氛相协调的礼服,日常穿着的小礼服和晚礼服需求也越来越大。国内在政府的支持下多地建造婚纱、晚礼服一条街和展览中心,开辟婚纱、晚礼服面辅料交易市场和配套物流中心。如苏州虎丘婚纱一条街是国内著名的婚纱礼服生产基地之一,也是东南亚最大的婚纱礼服市场,分新区和老区,新区主要是各类规模较大的婚纱礼服企业的专卖店,做工精细、用料考究,老区以个体小经营户为主,占到整个市场贸易总量的80%。目前中国晚礼服市场还处于发展阶段,有影响力的自主品牌较少,设计方面存在模仿国外产品现象、品牌忠诚度较低等问题,概括起来有以下几点内容。

1. 新面料推陈出新

随着科技的进步,服装新材料、新工艺在不断地被开发创新,为礼服的流行与发展提供了支持。低端市场中,衬裙、面纱和面料都使用尼龙织物,降低了生产成本,使更多消费者能够承受礼服的价格。新材料的发现,总是能掀起一股流行的热潮,各类具有特殊艺术效果的面料也相继被开发,各类装饰材料应有尽有,丰富多彩的服装材料的开发为婚纱礼服的设计与生产提供了物质保证。

2. 品牌认知度不够

国内已经有一批发展比较优秀的婚纱礼服品牌,且已经具备了一定的知名度,在婚纱礼服企业圈内具有一定的影响力,但是消费者对这些品牌的认识却不多。大多数年轻的消费者从网络媒体了解婚纱礼服的相关信息,户外广告市场投放量较低。同时消费者对婚纱礼服产品的质量、潮流元素也认为存在不足之处。选择品牌就是选择一种属于自己的生活方式和生活态度,国内品牌需要树立自己品牌个性以赢得较高的品牌忠诚度,这是当前婚纱礼服品牌发展所面临的一大问题。

3. 缺乏品牌意识

目前国内婚纱礼服企业发展品牌的劣势主要集中在缺乏品牌意识和产品工艺和技术的欠缺,产品质量良莠不齐。大多数企业选择利丢弃名,存在较多没有品牌意识的小作坊用低劣质量的面料和低水平的技术去模仿名牌款式获得利润,使得品牌企业面临产品被抄袭、市场被占领的压力。

4. 融入中华文化

我国历史文化底蕴深厚,有56个民族,每个朝代、民族的礼服都有自己的特色,也是文化的积淀。面对国外品牌进军中国市场的威胁,国内婚纱礼服企业将目光聚集在西式婚纱礼服、晚礼服和中式旗袍上,大大缩小了市场,且增加了市场竞争压力。现代人都强调个性发展,如果能够设计出既具有时代特征又不失民族、文化特色的礼服,弘扬优良传统文化,这也是一个开辟蓝海的方法之一。

第二节 礼 服 分 类

无论是传统礼服还是现代礼服,其穿着目的均在于表现参加仪式或集会的心境,也是对他人及自身尊重的表现。因此,礼服的颜色、款式、风格等要适合礼仪场合的格调和气氛。现今礼服的应用范围日趋扩大,分类也越来越细化。男性礼服相对比较固定,如男性日间礼服接近于普通西服,多为精纺毛呢面料,款式上有驳领类型、宽窄、驳口高低的变化,单排、双排及纽扣数量的变化。男性晚礼服款式多以燕尾服或西服套装,搭配领带、领结、口袋巾和腰封,戴白手套,华贵的宝石袖口或领夹来彰显奢华、大气的风范。女性礼服丰富多变,可以根据着装场合、时间、用途和风格来区分。

一、按着装场合分

按着装场合分,礼服通常被分为正式礼服、准礼服、略式礼服。

(一)正式礼服

正式礼服的着装场合为盛大而隆重的特定礼仪活动,如夜间举行的盛大宴会、舞会、酒会、重要嘉宾出席的招待会、古典音乐会等场合。这类正式社交场合对礼服的颜色、款式、材料都有一定的要求。夜间穿着的礼服比白昼穿着的礼服更为正式。

(二)准礼服

准礼服又名"简礼服"或"略礼服"。是以正式礼服为标准,但略作简化的礼服,也可以作为正式场合中穿着的社交礼服。与正式礼服相比较在用料、造型、配饰等方面有一定的区别,在正式礼服的基础上可以适当增加流行元素。一般出席现代的仪式集会时穿着这类简礼服。

(三)略式礼服

略式礼服又被称为"新礼服",在传统礼服的特点中增加创新元素,取消了传统礼服在穿着时间、款式等方面的束缚,更前卫、时尚和个性,适合场合也更广泛。

二、按着装时间分

按着装时间,礼服通常可分为日间礼服和晚礼服。

(一)日间礼服

日间礼服又称午后正装,指午后13:00~15:00参加社交活动穿着的正式礼服。日间礼服款式简洁大方、优雅庄重,多见的款式有端庄、优雅的套装或裙长及膝至长裙不等的连衣裙。越是正式场合,裙长越长。在材料的选择上可以采用缎、塔夫绸等具有光泽的面料。典型日间礼服还需要包括帽子、手套、小手提包、浅口高跟鞋、耳环、项链等配饰(图8-1)。

(二)晚礼服

晚间礼服又称夜礼服、晚宴服,是在晚上20:00以后穿着的正式礼服,源于西方社交活动,如晚间参加正式聚会、舞会、仪式、典礼上穿着的礼服,是礼服中最具象征性、豪华性和特殊性的礼仪服装。晚礼服一般裙长至脚面,呈现女性高贵和优雅,面料要考虑

图8-1 优雅庄重的连衣裙款式日间礼服搭配帽子、手套和高跟鞋

灯光的影响，常采用有光泽、有垂感的材质，如丝光面料、闪光缎等华丽、高档的面料，黑色是晚礼服中最显隆重的色彩，款式上会强调胸部和背部线条，长度及地且无袖、露肩。根据不同场合的需求又可以分为晚宴服、典礼服、舞会服等。常搭配披肩、围巾、手套等配件和华贵的珠宝（图8-2）。

三、按着装用途分

按穿着礼服的用途分，可以分为婚礼服、丧礼服、鸡尾酒服和演艺礼服。

（一）婚礼服

婚礼服是在婚礼中穿着的服装，一般多指新娘穿着的服装，也称新娘礼服或婚纱。西方传统的婚礼服婚纱多采用象征纯洁、神圣的白色，浪漫唯美的薄纱或华丽的塔夫绸、软缎等材质，搭配指手套、面纱、手握花束等。中国婚礼服多采用喜庆、吉祥的红色、光泽的绸缎、织锦面料与喜庆的图案。款式多为袄裙或旗袍的变化款式。随着时代的变迁与流行趋向的改变，婚礼服的款式、色彩、结构和面料都变得更加个性化（图8-3）。

图8-2　珠片装饰抹胸晚礼服

（二）丧礼服

丧礼服是参加去世仪式的礼服，一般采用黑色，款式为套装或礼服样式，面料避免使用光泽与华丽的材质。适合搭配黑色、深藏青、深灰色等深色的帽、鞋、手套等配饰（图8-4）。

图8-3　浪漫唯美薄纱立体花装饰抹胸鱼尾婚礼服

图8-4　黑色丧礼服套装搭配黑色礼帽、墨镜和手套

(三) 鸡尾酒服

20世纪20年代出席鸡尾酒会的礼服,也可称为小礼服。外形强调修长的人体,结构略松身,裙摆到膝盖,配以礼服小帽、手套及小手袋。到了30~40年代有了可以适合全天穿着的小礼服,一般以黑色为主色调,丝和缎是最常用的面料,长度到膝盖。50年代是小礼服的全盛时期,粉彩、金色代替黑色成为礼服主色调。小礼服发展至今已经成为参加现代小型社交场合简约型礼仪性服装,有高级时装和成衣之分(图8-5)。

(四) 演艺礼服

演艺礼服主要指演唱会、特定表演之类场合穿着的具有礼服特征的服装。它的设计需要考虑服装与表演形式、内容的关系,以及服装与舞台、灯光、音响等之间的关系,使舞台的整体视觉效果达到高度统一。演艺礼服风格多变,如性感风格、俏丽风格等,款式设计强调创意和夸张,往往体现演艺人员优美、性感的身材曲线。演艺礼服还可以分为演唱服装、演奏服装等(图8-6)。

图8-5 粉色刺绣鸡尾酒服搭配小手包

图8-6 歌剧《剧院魅影》中主角礼服与剧情、舞台环境达到高度统一

四、按礼服风格分

礼服按照风格来区分,可以分为简约风格、古典风格、浪漫风格、华丽风格、俏丽风格和性感风格等。

(一) 简约风格

简约风格的礼服以穿着者为主体,烘托其气质,使人更多地关注着装者本人,给人大方、简洁、高雅的整体印象。简约风格是现代实用性礼服中常见的风格样式,更强调精湛的剪裁技术、高档的面料(图8-7)。

(二) 古典风格

古典风格礼服以巴洛克、洛可可、希腊、罗马文化为主要的风格特征。烘托着装者沉稳、大气、睿智和典雅的气质。蕴含欧洲宫廷贵族气质,奢华而不张扬。黑色、金色、白色、蓝色构成了主色调。以艳丽的色彩进行点缀或采用繁复的图案追求大方而灵动(图8-8)。

图8-7 采用精湛工艺和面料的简洁风格礼服　　　图8-8 色彩明快面料自然褶皱悬垂的古希腊典雅气质礼服

(三) 浪漫风格

浪漫风格的礼服强调穿着者优美、浪漫的气质。多采用蕾丝、半透明薄纱面料,结构上采用公主线强调上身优美的曲线,下装采用多层纱的透叠效果体现朦胧、梦幻的感觉(图8-9)。

(四) 华丽风格

华丽风格的礼服通过材质面料、工艺、款式来体现豪华感。面料采用具有光泽感的材质,装饰工艺有手工钉珠、精致绣花等,结构上多采用高腰节线,体现肩和胸部的线条,款式可采用鱼尾裙等夸张和复杂的造型(图8-10)。

图8-9 薄纱贴合人体强调优美曲线体现朦胧梦幻感觉　　　图8-10 精致金色绣花华丽风格礼服

(五)俏丽风格

俏丽风格的礼服体现活泼、可爱的气质。可以通过图案、装饰工艺来体现诙谐可爱的气质,如蝴蝶节装饰、波尔卡圆点图案等,造型手法无拘无束,也可以通过一些小的创意来营造俏丽风格(图8-11)。

(六)性感风格

性感风格的礼服以展现女性妩媚、优美的体态。可以采用朦胧的薄纱面料体现朦胧美感,厚皮革材质体现狂野不羁的感觉。廓形强调对人体曲线的塑造,外轮廓线凸显线型的流畅和优美。可以采用强调紧身效果的I型、强调肩部或低领的Y型、上紧下松的A型廓型等(图8-12)。

图8-11 上身立体蝴蝶结装饰成为视觉中心,又能体现出活泼可爱气质

图8-12 紧身深V领性感礼服强调对人体曲线的塑造

第三节 礼服设计原则

礼服是服装类别里有较强限定性的服装分类,对设计中一些要素和原则的认知程度是创造成功设计作品的第一步。礼服的设计原则就是尝试创造服装设计之美的一种技术和人工的方法,同时还包括有关现代设计的各种看法。它主要体现在礼服的特定性原则、价值性原则、适体性原则、审美性原则和工艺性原则。

一、特定性原则

在遵循服装设计一般性原则的基础上,礼服设计有其特定性原则,如时间、环境、人就是在礼服设计中极具针对性的设计"T.P.O"原则,T.P.O分别代表Time(时间)、Place(场合、环境)和Object(主体、着装者)。

Time(时间):服装造型、面料、装饰、风格都要受到时间的影响和限制。在19世纪之前的欧洲国家,有早、中、晚换装的习惯,并且地位和等级越高换装就越严格也越频繁。对不同时间的礼仪活动,设计中会采取不同的设计方式和设计风格。礼服按时间来分,可以分为日间礼服、晚礼服。礼服设计的时间原则还应包括具有更超前的时间意识,把握流行趋势和方向标,引导人们的消费倾向等。

Place(场合、环境):服装设计需要充分利用环境因素。礼服设计中穿着场合的隆重程度、所处地理位置、环境气氛、级别和习俗都是设计中需要考虑的要素。如参加舞会的礼服可以设计得较为华丽,可以采用宽大的裙摆。西式婚礼礼服拖尾较长,是因为举行教堂婚礼走长长的红地毯,更显庄重。国内婚礼通常在白天有一系列流程且用花车载新人,没有充足的空间,所以不建议采用长拖尾。礼服按照场合可以分为正式礼服、准礼服和略式礼服。

Object(主体、着装者):人是服装的主体,在进行设计前要对人进行分析、归类,才能使设计具有针对性和定位性。礼服设计也要对不同层次、不同性别和年龄的人进行个性需求分析,以便设计出个性、优美、科学、合体的服装。不同文化背景、教育程度、个性修养、艺术品位以及经济能力都会影响个体对礼服的态度,针对不同的个体来确定设计方案。如西方社会皇族、贵族、官吏、军人和警察等特殊身份和职业的礼仪服装在面料、工艺、色彩、造型、装饰、配件等方面各具标志性。

二、价值性原则

"价值"是指衡量事物有益程度的尺度,是功能和费用的综合反映。应该以最少的耗费达到最高的效用,以满足服务对象的需要。服装是使用和审美的统一体,在使用价值的基础上也包含了艺术价值和文化价值。礼服的价值性原则就在于实用性和艺术性科学合理地相结合。礼服的实用价值来源于服装本身、设计内容、直接用途和构思。决定实用性价值的来源是设计者创造性思维与逻辑性思维的活动能力。礼服在满足服装功能性的前提下,具有一定艺术性和引导性,如高级定制礼服,华美、高贵的艺术表现、精致的细节设计都是礼服独到的艺术语言。礼服设计的艺术性也是衡量设计师的设计能力和水平的一个重要标准。

三、适体性原则

女士礼服以着装者的体型和体态为基础,如高级定制礼服设计与制作,需要在量体的基础上做到最好的合体性,展现女性的人体美。礼服的整体造型围绕人体的体型特点,突出女性体态美,通常上装采用紧身结构,下装结构自由发挥形成丰富的造型变化。由于人的体型不同礼服的设计也要因人而异,突出着装者的个体因素,扬长避短。比如,身材娇小的人适合中、高腰礼服。下身裙不易过长,裙摆避免过于膨大,可以采用V字型低腰设计修饰身材比例。适体性原则除了体型和体态以外,还包括肤色、脸型、气质等因素。

四、审美性原则

礼服比起其他品类的服装更注重审美性,美是一种和谐,礼服的审美性原则可以从设计元素之间的和谐来展开分析。首先是色彩元素的统一，礼服的色彩选择需要考虑与穿着场合的环境相协调。其次是服饰搭配统一，礼服的配饰繁多，一般需要头饰、发型、手套、项链和鞋等搭配，礼服与配饰在风格、色彩、材质等方面也要做到相协调。第三是与流行元素相吻合，人的审美观是随着时间的迁移而改变的，这要求礼服的设计需要把握时代的流行。第四是文化协调，中西方文化的差异形成了审美和习俗的差异，须根据参加活动的性质和场合来设计礼服。

五、工艺性原则

礼服设计的构思要有合理性也要注意工艺的可能性，如礼服采用了复杂的工艺，就会造成时间和人力的投入，提高了礼服的制服成本。根据不同的需求以及不同的人群来决定工艺的难易程度来满足不同消费的需求。礼服的工艺性是决定礼服价值的重要衡量标准之一（图8-13）。

图8-13　价格昂贵的高级定制礼服采用纯手工钉珠工艺

第四节　礼服设计构思

礼服的设计构思是以抽象思维为主导的整体性设计，抽象思维包括形象思维、潜意识思维和灵感思维等心理活动。是在观察体验的基础上，设计师对服装进行整体性思考。设计的创作都是由模糊到清晰，由不成熟到成熟。构思的核心是在考虑表现什么和如何表现两个问题。

一、构思准备

构思准备是属于构思核心中"表现什么"的范畴，包括表现任务、目的和如何找到设计的切入点和突破口。礼服的设计构思准备可以从寻找灵感来源和整理分析资料两个部分来展开。

（一）灵感来源

礼服设计初期需要通过调查研究收集来的资料和信息中获取灵感来源。灵感是自然的、偶发性的，可以通过书籍、展览、旅游等渠道获取，从科学知识、自然常识、传统民间艺术、优秀的文化遗产、音乐、文学的启示都可以激发设计的灵感。如Versace（范思哲）品牌的礼服以性感风格著称，礼服设计的灵感很多来源于希腊、埃及、印度这些神秘、古老文明的国度，礼服色彩浓郁，剪裁尽显人体线条，打造神秘、美艳的女士形象（图8-14）。

1. **书籍杂志**

   书籍杂志是最直接的信息来源。服装类报刊杂志上登载着最新的流行趋势、时尚信息和时装评论等内容，一些市场类专业期刊杂志还能提供纺织新技术、行业发展等信息。

2. **原材料**

   原材料包括礼服的面辅料小样、二次设计的材料、装饰物、配件等，这些都可以成为灵感的来源。

3. **展览**

   各种形式、内容的展览可以收集不同的信息和资料，尤其是一些专业性强、大型规模、有一定影响力和良好口碑的展览更能收集到有用的、准确的、充足的信息。如纺织面料展、服装展、画展、艺术展等。

4. **旅游**

   通过旅游可以了解不同国家、地域的传统文化、风土人情等信息，这些都是可以激发灵感的源泉。

5. **其他艺术**

   其他艺术可以包括电影、音乐、戏剧和其他相关领域的设计（建筑、工业、环境设计等），礼服设计师可以从作为时尚风向标的其他艺术作品中汲取灵感，创造时尚。如建筑作品对礼服设计思路的影响是持久的，尤其对礼服的造型设计会产生直接的影响。

图8-14　灵感来源于希腊的礼服

（二）分析资料

对不同渠道获得的资料和信息进行初步整理，去除糟粕留其精华。通过分类、组合、演绎、归纳、分析等多种方法，从所获取的资料和信息中挖掘出有用的信息和资源，从多种角度分析形成具有某种鲜明独特含义的设计意向。

二、构思活动过程

礼服设计的构思活动过程同样也属于构思的核心中表现什么的范畴，包括萌发、显现、诞生三个过程。

（一）萌发

萌发过程实质上就是把所拥有的资料和信息与所需构思的重点设计目标联系起来，经过全面系统的反复思考，进行比较分析。

（二）显现

显现就是在大量思维过程中所出现的与设计主题有关的具有一定的独特新意，但又不完全成熟或全面的某些想法或构思。是以大脑中信息、知识和智力为基础，经过综合、类比、借鉴和推理得出某些想法和构思的逻辑思维过程。有些构思和想法往往会一闪而过，对于在思维过程中出现的这些灵感要善于捕捉，可能就是因为能够捕捉到这些一闪而过的灵感为整个设计构思指明了方向。

（三）诞生

诞生是指通过多次多方面的创意出现和反复思考，形成了设计目标的初步轮廓，并用语言、文字、图形等科技的方式明确地表现出来。

三、构思方法

礼服设计构思方法可以运用酝酿整理好的具象或抽象的形态进行对比手法的直接表现,如夸张法,强调局部获得出其不意的效果。还可以运用间接借助于其他事物来表现设计意境的内在表现手法,如联想法。构思可以通过造型设计、色彩运用、结构细节设计、服装工艺、服饰图案或搭配方式等进行视觉传达。构思是一种创造性的活动,具体方法如下。

(一)直接法

直接法着重突出设计素材的原始性和写实性,能直接表现出某种素材应用在礼服上的外在形象,表达一种直接的、自然的情感,烘托出整体设计的气氛。重点在于集中表现素材的原始特质和自然美感,避免多余的装饰。如礼服中的披挂式设计,没有人为的分割结构,原始呈现自然面貌。直接法是一种传达淳朴意蕴的构思方法(图8-15)。

图8-15 采用直接法避免多余的人为分割结构呈现面料自然悬垂飘逸之美

(二)联想法

联想法是指从一个想法的原型出发,展开连续性的想象,从这一系列想象和结果中找到最想要的和最适合发展成礼服的事物。这个想法的原型可以指一个具体的物件、事件、文艺作品等。联想法的目的是为了突破常规设计思维,拓展思路,找到新的设计题材。

(三)夸张法

夸张法在礼服设计中比较常见,是利用素材特点,以艺术加工的夸张手法使原有形态产生变化,符合设定主题的定位,同时也达到一种形式美的效果。夸张法是通过强化或弱化视觉,化平淡为神奇的表达方法。礼服设计中可以在服装整体造型、局部细节、面料处理、装饰手法上进行夸张。利用夸张法进行设计的形式很多,如重叠、组合、变换、移动、分解等,可以从高低、长短、轻重、厚薄、疏密、宽窄等方面进行夸张。

(四)逆向法

礼服设计构思的逆向法是把原有事物放在相反或相对的角度上,寻求异化或突变的设计方法。逆向法可以从题材、风格、理念、形态上展开,突破常规的思维会带来意想不到的设计效果。如差异较大的面料之间进行随意拼接或者礼服前后的逆向设计等。逆向法要注意协调好各设计要素,否则会使设计变得生硬牵强。

(五)转移法

转移法是将原有事物转移到别的领域设计中使用。由于改变了环境而使事物性质和作用发生了转变从而产生新的效果。在礼服中转移法主要表现为将不同风格的礼服设计元素相互碰撞,产生新的作品。在设计中需要注意不同风格元素在应用中要分清主次,以某一风格元素为主,少的元素作为修饰,设计才能有重点,不会变得不伦不类。

（六）变换法

变换法是指改变事物的现状，从而产生新的形态。在礼服设计中可以变换礼服的造型、材料、色彩和工艺。变换造型包括改变原有礼服的外部造型或内部造型。比如一个分割线位置的改变就可能改变整件礼服的风格。材料的变换包括改变礼服的面料或辅料，比如将浪漫风格薄纱材质礼服的面料改为丝绒面料，其风格即转变为华丽风格。改变色彩可以从改变礼服面辅料颜色或图案来形成不同的风格。变换工艺是改变制作礼服的工艺，不同工艺的处理方法也会带来不同的风格。如以缉明线装饰代替原有缝制线迹，会展现出另一种淳朴、粗犷的风格。

（七）整体法

整体法是指由整体展开逐步发展到局部设计的方法。先根据礼服整体风格确定外轮廓、色彩、面料等内容，然后再进行内部结构设计，如分割线、领部、装饰等。在整体感强的基础上可以突出具有鲜明特点的局部设计。注意整体和局部设计要统一、协调，否则会造成视觉上的不适，显得杂乱无章。

（八）局部法

局部法是以某一个细节为出发点，发展到整体的设计方法，与整体法相反。优点是比较容易把握且可以突出局部设计效果。设计师经常会被一些精致的小玩意所吸引从而成为设计构思的灵感来源，对其进行改动后变成礼服上的局部造型，并寻找与其相匹配的整体造型。注意局部法以细节为重点，整体造型在与其统一协调的基础上仅作为陪衬。

（九）派生法

派生法是由一个主体元素出发，演化为新的形态元素的设计方法。新元素与主体元素之间要有一定的内在联系，在礼服设计中可以表现在礼服设计的系列感。可以通过颜色、廓形、面料、装饰来形成系列感，在局部进行差异化设计，如一款露肩收腰长裙礼服，可以演化出单肩高腰长裙礼服、露肩低腰长裙礼服。这三件有一定的系列感和相似性，但又是独立的一款礼服作品（图8-16）。

图8-16　通过色彩、图案、面料、装饰来形成系列感设计

四、设计构思草图

对素材进行分析和整理后,根据设计风格进行提炼,然后将设计构思绘制出来。草图的绘制不需要考虑人体动态是否准确,重点通过草图表达设计师的设计理念。可以选择一个合适的人体动态拷贝多份或附纸于其上,快速地勾勒出草图。草图需要表现礼服设计的结构、廓形、比例、材质、风格等内容。从大量构思草图中选择最符合设计理念和风格设定的作品再进行细部的修正和完善(图8-17)。

图8-17　通过快速勾勒的设计草图表达设计理念和主题

第五节　礼服设计要素

礼服是综合性的服装艺术,礼服设计要素是体现艺术与技术的整体美学结构,其中造型形态的设计手段、色彩设计、面辅料材质的表现、工艺技术的表达等都是礼服设计的基本设计要素。礼服设计要善于运用科学的设计理论知识和规律,掌握礼服的设计要素和表现方法。

一、礼服造型

(一)形态

服装造型形态一般指外在的视觉表现形式。礼服设计中的"形"指外观的形状,"态"则是蕴涵在礼服内在的神态。礼服形态设计的要点要从基本的形态出发塑造出多变的形象。设计要从多视觉、多视点上进行多重塑造。形态可以分为具象形态和抽象形态。

1. 具象形态

具象形态指能够被直接知觉的形态类型,有自然形态和人为形态。自然形态有朴实、自然、感性和浪漫的特征。人为形态是指非天然形成的,由人力参与加工处理后所形成的形态。具象形态在礼服造型形态设计中常用的手法有模拟设计和仿生设计。模拟设计是模仿某种事物的形象或暗示某种思想情绪,仿生设计重点是模仿某种自然物合理存在的原理,用以改进服装的结构性能和丰富服装造型形象。两者都是从自然形态中找到灵感进行模仿,将自然形体要素运用到设计形态中。

2. 抽象形态

抽象形态指以某种概念形式存在,不能被直接知觉的形态类型,包括几何形态、有机抽象形态和偶然抽象形态。几何形态是最典型抽象形态,如点、线、面通过移动形成的多样形态。有机抽象形态是自然界中有机体所形成的抽象形体,如细胞组织等。偶然抽象形态是自然界中一些物体偶然遇到或偶然发生的形态,往往无序、意想不到、能引起联想,如玻璃碎裂后的形态等。

(二)廓型

廓型是礼服造型的主要特征,是礼服款式设计的第一要素,是指视觉感官所能获知的外在整体风格、轮廓造型和空间量感。礼服的形态变化特征在于廓型的变化,从集合形态的构成上来看,礼服廓型可以从字母形或物象形来概括。礼服中常见的字母型有 A 型、H 型、X 型、Y 型等,物象形有钟型、塔型、圆台型、陶瓶型、漏斗型等。两种表示方法有时可以表示同一个形态。如 A 型与塔型,表示上小下大造型;X 型与漏斗型对应,表示收腰廓型。这里用物象形对礼服的廓型进行介绍。

1. 塔型

塔型礼服对应字母的 A 型,一般为加裙撑的形式,裙摆较大有体积感。塔型礼服风格大气、稳重,有强烈的视觉效果(图 8-18)。

2. 漏斗型

漏斗型礼服造型是上大下大中间收紧的 X 型。款式可长、可短,具有动感。既端庄又可展现女性的妩媚。

3. 陶瓶型

陶瓶型礼服一般呈现上大下小的 T 型或 Y 型造型,具有很强的立体塑造性。可展现含蓄、粗犷、幽默的礼服风格。

4. 钟型

钟型礼服一般在腰部或腰部以下位置开始呈现饱满、圆润、膨胀的造型,与紧身上衣形成强烈对比,展现沉稳、自信的风格。

5. 鱼尾型

鱼尾型礼服上身至膝部位置为合体形式,膝部以下至裙摆逐渐变大,形如鱼尾。凸显女性优雅、浪漫的风格,极具艺术感染力(图 8-19)。

图 8-18　塔型礼服强调裙摆的超大体积感

6. 球型

球型礼服有几种形式,分别是:上身合体下裙膨大、上下身合体腰部膨大、全身适体肩部膨大等。可以采用裙撑、内部填充、堆积褶纹、层叠塑型等手法,在胸、腰、臀、肩、摆等处设计膨大球型(图8-20)。

图8-19　优雅浪漫风格的鱼尾型礼服

图8-20　上下身合体腰臀部通过堆积褶纹形成膨大体积感的球型礼服

二、礼服色彩

礼服色彩设计要求整体、统一,色相感强烈。礼服的色彩一般采用同一色相配色和近似色相配色,需要考虑礼服穿着时间、地点、场合以及穿着者的体型特征与气质。

(一)色彩特征

礼服色彩的特征和其他类型服装的色彩特征既有共同点,也有自己的独特特征。礼服色彩不仅仅是一种视觉语言,更是一种情感语言和工具符号,具有表现目的和色彩情调两种特性。

1. 色彩表现目的

色彩不仅能够帮助完成整个构思,还能够表达理念、风格和个性。使整体礼服的风格、气氛更协调,对设计具有综合、整体的作用。

2. 情感氛围营造

礼服色彩还可以传递各种不同的情趣,能够展示不同品质风格和装饰魅力。色彩本身对人的刺激只是一种物理现象,人对色彩的情感认知是通过长期生活中积累的视觉经验所获得。当这种积累与外来色彩激发发生呼应时就会在人的心理上产生共鸣,引起某种情绪。如厚重的色彩会引起庄重、稳定的视觉感受,适合端庄、正式的社交礼服;深色暖色系色彩会造成兴奋、华丽感,适合舞会、庆祝晚会等场合穿着的礼服用色。

（二）色彩运用

礼服色彩运用应该将各种色彩特征与服装的造型、材质、装饰、图案等完美结合，只有符合人的心理、生理要求，色彩才能给人以美的享受。色彩运用也要遵守一定的规则，如色彩构思、确定主要色彩、局部强调和个性化色彩。

1. 设计构思

在明确礼服设计主题、设计风格、面辅料材质的基础上，进行礼服整体色彩的设计构思，需要考虑穿着者的年龄、性别、肤色，出席的场合、空间、环境，以及文化、传统、功能等问题。

2. 确定主色

礼服设计造型的整体性较强，高级定制礼服的材质高档，色彩相对多采用单一或单纯的色彩来表现。根据设计构思内容确定主色调是比较简单的一种色彩设计方法。要充分了解色彩的象征性，对色彩特性与色调情感的判断比较重要。如白色代表纯洁、纯粹，色彩的情感是单纯性和扩张性。色彩的象征性可以参考第六章第五节表6-3内容。

3. 局部强调

局部色彩的强调可以起到集中视线与注意力的作用，可以把色彩运用于服装的特别结构、装饰或工艺。例如礼服的腰部装饰采用区别于大身的色彩，能够起到画龙点睛的作用。选择强调色彩时，可以选用对比强烈的色彩配合，用以强调造型变化和特殊材料，使服装整体取得关注的视觉效果。在礼服中可以用色彩强调的常见部位有肩、胸、腰、后背、胯骨等（图8-21）。

4. 个性化色彩

在不同风格的礼服设计中也可以采用个性化色彩，凸显礼服的特异之美。如多色拼接、色彩渐变等个性化色彩的礼服更显特异之美，增加服装个性和特色。个性化色彩的应用对礼服的色彩设计有较高的要求，既要体现设计主题，又要新颖独特，这就需要礼服设计师使用探索、求新和创造的能力，同时结合流行趋势，研究时下热点，探寻科学技术等内容。只有深入研究、认真积累和选择继承，才能产生创新和发展的思想。

图8-21　礼服腰部通过腰带的金色形成点睛之笔

（三）配色方法

当礼服的色彩不是单纯地运用一个色彩的情况下，就要了解各种色彩的配色方法，概括为以下几种方式。

1. 同一色配色

同一色配色是指色相相同，明度和纯度不同的色彩之间的搭配。这种配色方法给人以含蓄、稳重、统一、和谐的视觉感受，但也会存在单调、呆板的感觉。

2. 类似色配色

类似色配色是指在色相环上位置邻近的色彩之间的搭配。配色效果比较丰富、活泼，同时也能获得统一、和谐、高雅的视觉感受。

3. 对比色配色

对比色配色是指色相环上相隔120°左右的色彩之间的搭配。配色效果个性鲜明、对比性强,具有生动活泼的视觉效果,但应用得不好很容易产生不统一、杂乱无章的感觉。在礼服设计中运用对比色配色,需要控制色彩之间的明度、纯度,或者色彩的面积、比例。

4. 互补色配色

互补色配色是指色相环上相隔180°左右的色彩之间的搭配。该配色方法对初学者来说难度较大,容易产生幼稚、低俗、杂乱的效果。运用互补色配色方法必须注意色彩面积之间的悬殊对比处理,明度和纯度的变化,精妙的位置设计,或者通过加入中间色来缓和色彩的强烈差异,才能形成视觉上的平衡(图8-22)。

图8-22 礼服中采用了红绿两个互补色,通过降低明度、纯度,加入中间色来达到视觉上的平衡

三、礼服面辅料

礼服面料是礼服设计三要素之一,礼服设计师需要充分了解面料的性能和特点,再决定与其特点相符合的款式造型。

(一) 常用面料

高贵优雅的绸缎、轻盈飘逸的网眼纱、精致奢华的蕾丝都是礼服常用面料。可以从纱类织物、缎类织物、蕾丝织物、绒类织物和经编网眼来了解礼服的常用面料。

1. 纱类织物

纱类织物是婚礼服中最常用的面料之一,可用于主体面料也可作为辅料使用。具有轻盈、飘逸的质感。在纱类织物上适合装饰蕾丝、珠子、水钻和绣花,适合制作层叠款式,如蓬蓬裙和婚礼服的大拖尾。也可以与其他材质搭配使用,表现礼服华丽、浪漫的风格,适用于各个季节。纱类织物有乔其纱、雪纱、水晶纱、七彩纱、头巾纱等。除了刺绣、钉珠以外还可以应用在纱类织物上的工艺有褶皱处理、胶浆印花、烫金烫银、植绒印花等。

2. 缎类织物

缎类织物具有手感滑爽、质地柔软、悬垂性好、表面光亮的特征,适合展现女性的成熟和优雅。原料可以采用人造丝、桑蚕丝或其他化学长丝纤维。缎类织物按照织造和外观可以分为锦缎、花缎、素缎三种。其中锦缎具有色彩丰富、图案精致、纹路精细的特点,属于雍容华贵的面料风格;花缎是一种比较简练的提花缎类织物,表面具有浮雕感,具有高雅的面料风格;素缎光泽华丽,适合采用抽褶、叠褶、堆褶等立裁工艺。

3. 蕾丝织物

蕾丝是一种经编花边织物,分手工蕾丝与机织蕾丝两种。手工蕾丝由于制作方法和费时所以价格昂贵,机织蕾丝可以批量生产价格比较低廉。蕾丝设计精美、工艺独特,有特殊的镂空外观,图案花纹略有肌理感,在晚礼服和婚礼服上应用较多。常见的蕾丝种类有珠片花式纱线蕾丝、印花蕾丝、六眼网眼花边、粗线花边、烂花花边、抽绣花边、饰带花边、刺绣花边（图8-23）。

4. 绒类织物

绒类织物是指表面具有绒毛或绒圈的花、素丝织物，采用蚕丝或化学纤维长丝织制而成。质地柔软、色彩鲜艳、绒圈紧密，且有的绒类织物通过绒毛耸立或平卧会形成光亮和哑光两种视觉效果。具有独特光泽的天鹅绒、烂花绒、金丝绒等绒类织物可以表现华丽、典雅的礼服风格。除了与印花、刺绣等工艺手法一起，绒类织物还可以采用烂花、植绒等工艺。

5. 经编网眼

经编网眼织物是在织物结构中产生有一定规律的网孔针织物。具有布面结构较稀松，有一定延伸和弹性、较好透气性、孔眼分布均匀的特点。织物原材料没有很大的限制，天然纤维、合成纤维和人造纤维都可以使用，天然纤维和人造纤维手感柔软、悬垂性较好，合成纤维一般手感硬挺适合做立体造型和蓬裙内部的支撑料。经编网眼的表面工艺可以采用烫金烫银烫钻、印花、金银丝交织和珠片秀。

图8-23　精致华贵的金色蕾丝与薄纱的组合打造镂空外观

（二）面料运用

礼服设计中的面料运用不仅具有实用价值，还具有很强的装饰效果。礼服的风格、款式要求都会制约面料的选择范围，可以通过了解面料运用原则和对面料的二次处理来展现丰富的礼服面料设计效果。

1. 面料运用原则

首先，需要围绕礼服的设计构思和主题来展开，才能达到设计和材质的内在统一。其次，对面料的选择要考虑性能、功能、造型、结构和生产成本等因素。礼服面料品种丰富，轻薄的、立体的、厚重的都能够结合造型和色彩进行变化。材料表面特性，如色彩、纹理、光泽等，具有一定的情感特征，如天然材质的丝绸具有舒适滑爽的触感使得它们亲切、随和。第三，设计师要具有明锐的观察力、良好的艺术表现力和专业实践能力。设计师可以从旁类艺术或大自然中寻找面料的灵感，如水的波纹，可以选用丝绒面料以及褶皱处理来展现水纹的流动感。这些都能成为设计师面料设计的灵感来源。

2. 面料二次设计

面料二次设计不是简单地使用工艺手段处理面料的表面肌理效果，而是需要在了解流行趋势、市场动态前提下，配合形式美法则才能够设计出可以为穿着者带来愉悦视觉感受的作品。礼服面料二次设计可以分为：增型设计、减型设计、立体设计和综合设计四种方法。其中，增型设计关键在于通过各种手法将相同或不同的材质重合、叠加，组合成立体的、层次的、富有创意的新材料，常见的增型设计手法有贴花、钉珠、刺绣等。减型设计是将原有材料通过抽丝、镂空、烧花、剪除、磨损、撕裂、腐蚀等手法除去部分材料或破坏局部，改变原有肌理效果达到新的美感。立体设计是将面料经过抽褶、堆叠、缝裥、捏褶的处理，用拧、抽、挤、堆积、黏贴等方法，使面料具有浮雕感、立体感，在礼服设计中多用于局部面料处理。综合设计是灵活搭配应用以上几种方法，创造出新的富有变化的面料作品。要注意方法搭配的协调性、统一性和层次性（图8-24）。

（三）礼服辅料

除了蕾丝、织带、珠片等常用的礼服辅料以外，还有裙撑、文胸等辅料。按用途、位置可以分为两大类：表面装饰用辅料和内部功能性辅料。

1. 表面装饰用辅料

礼服为了表现华丽、精致、性感的风格，除了综合处理面料、款式、色彩三要素的方法以外，还可以通过礼服表面的装饰来进一步强调风格和主题。礼服表面最常见的装饰用辅料有蕾丝、织带、珍珠、水钻、珠片等，其中蕾丝既可以作为面料又可以作为辅料。这些辅料可以通过点、线、面、体的形式法则来装饰礼服，如织带可以作为礼

图8-24　通过增型设计手法中的贴花进行面料二次设计是礼服设计中常用方法

服设计中线的装饰，勾勒出礼服局部结构的边缘，可以起到凸显女性身体曲线的作用。另外，也要注意这些辅料与礼服主体用料的材质、色彩、面积、位置关系，达到整体统一、协调的视觉效果。精致、恰当的装饰手法使得礼服熠熠生辉、与众不同，反之则会毁了整件礼服的整体感。

2. 内部功能性辅料

内部功能性辅料可以概括为裙撑和内衣类料。裙撑是在内部起支撑作用，具有扩张感和膨胀感。现在裙撑多用于婚礼服中，塑造塔型、钟型的造型。裙撑根据其内部结构与形状可以分为无骨裙撑和有骨裙撑两种。前者没有钢圈支撑，适用于轻软面料或较小裙摆的礼服裙内部；后者也称为钢圈或鱼骨裙撑，骨架内外可以用硬纱或软纱覆盖若干层，达到掩饰骨架增加蓬松感和穿着舒适感的作用。鱼骨从裙裾大小可以分为大小圆型裙撑，从钢圈数量可以分为单钢圈、双钢圈、三钢圈等，适用于不同造型、大小和长短的礼服裙。内衣类料包括文胸、塑身内衣等，用于礼服内部贴身穿着，能在保证健康、舒适的前提下调整着装后形体的外观。其中，文胸常用的表面材料有丝质、棉质、尼龙、氨纶等，内部常用的材料包括钢圈、钢骨。塑身内衣是要采用弹性面料制作，内部常采用鱼骨、钢骨来塑型。内部功能性辅料的设计要注意礼服的大小来挑选号型，注意身体部位构造矫正不完美的体型，以及注意与外衣色彩、图案、花边、材质、样式的搭配组合（图8-25）。

图8-25　裙撑在裙子内部的支撑作用塑造大裙摆效果，常用于塔型、钟型礼服

■ 小资料

瓦伦蒂诺·加拉瓦尼（Valentino Garavani）

一、品牌简介

瓦伦蒂诺（Valentino）又称华伦天奴，是全球高级定制和高级成衣奢侈品品牌。瓦伦蒂诺品牌代表的是一种宫廷式的奢华，高调之中却隐藏深邃的冷静，从20世纪60年代以来一直都是意大利的国宝级品牌。品牌品类包括时装、高级成衣系列、男装系列、室内装饰用纺织品及礼品系列、香水系列等。品牌特色在于精美绝伦的剪裁工艺、高级进口面料和华贵奢侈风格（图8-26、图8-27）。

图8-26 体现华贵材质与精致工艺的品牌高级定制礼服

图8-27 大量应用手工钉珠、刺绣等工艺体现宫廷式奢华风貌

二、品牌创始人

瓦伦蒂诺·加拉瓦尼（Valentino Garavani），是时装史上公认的最重要的设计师和革新者之一。1932年出生于意大利，17岁就读于巴黎服装工会学校。20世纪60年代初在罗马建立了第一家工作室，成立了瓦伦蒂诺公司，品牌从1962年开始登上国际舞台。1965年，瓦伦蒂诺·加拉瓦尼已经成为意大利时尚潮流的领导者。1967年，瓦伦蒂诺·加拉瓦尼获得耐曼·马尔克斯奖（Neiman Marcus）——时装界的奥斯卡奖。20世纪70～80年代，成为同时推出男式和女式成衣的首位高级时装设计师。2000年，获得由美国时尚设计师委员会颁发的终生成就奖。

三、品牌标识

瓦伦蒂诺·加拉瓦尼首创用字母组合作为装饰元素和建立品牌的标志色。最典型的是1968年的"白色系列"中品牌Logo字母"V"开始出现在时装、饰品及带扣上,以及标准色"华伦天奴红"(Valentino Red)的采用(图8-28、图8-29)。

图8-28　品牌Logo

四、品牌事件

[1960年]在罗马成立了瓦伦蒂诺公司。

[1962年]在皮济广场上举办了首次时装秀。

[1968年]瓦伦蒂诺公司被肯通(Kenton)公司接管。

[1969年起]相继开发并推出一系列香水、皮鞋、太阳眼镜、室内装饰用纺织品、礼品、随身皮件、打火机、烟具等系列产品,总数有58项之多,经销网遍及世界各大城市。

[1972年]瓦伦蒂诺已推出他的女装成衣系列和男装成衣系列,并在罗马和米兰开设了专卖店。

[1973年]瓦伦蒂诺重新购回了公司,着手开始经营瓦伦蒂诺品牌服饰。

[1982年]纽约市的大都会艺术博物馆,首次为举办瓦伦蒂诺的个人时装展而开放。

图8-29　采用"华伦天奴红"的手提包

[1984年]瓦伦蒂诺庆祝设计室成立25周年纪念,意大利工业部授予其特殊荣誉,并获得意大利总统在意大利皇宫的亲自接见。同年,被指定为参加洛杉矶奥运会的意大利运动员设计服装。

[1985年]瓦伦蒂诺推出"梦幻画室"展,包括为Scala戏剧院著名的歌剧演员设计的服装。该展室设在米兰的Sforzesco城堡,意大利总理出席其开幕仪式。

[1986年]意大利总统授予其意大利官方最高荣誉奖——"Cavaliere di gran Croce"。

[1989年]在其罗马时装设计室附近举办"Accademia Valentino"艺术展。

[1991年]为庆祝瓦伦蒂诺及其事业成功30周年,举办了一系列盛大活动。以"Valentino:神奇的30年"为主题的自传书在一个有300多件签名服装的展示中一起推出。

[2000年]瓦伦蒂诺获得由美国时尚设计师委员会颁发的终生成就奖,其创作和企业家生涯成为意大利时尚界的重要部分。他的名字代表着想象和典雅、现代性和永恒之美。

[2001年]茱莉亚·罗伯茨(Julia Roberts)穿着Valentino的古董裙出席奥斯卡颁奖礼,领取奥斯卡最佳女主角一奖时的动人模样,出现在世界各地所有电视台、报刊和杂志上,成为世界焦点。

> [2005年]透过成立"Valentino Fashin Group",Valentino Garavani 的名字终于出现在股票市场上。
> [2008年]记录大设计师华伦天奴·格拉瓦尼传奇一生的传记电影《华伦天奴:末代王尊》(VALENTINO:The Last Emperor)在多伦多国际电影节上放映。
> [2011年]瓦伦蒂诺虚拟博物馆建立,该虚拟博物馆展示时装设计大师瓦伦蒂诺·加拉瓦尼50年的设计精粹,包括5000张服装图像、设计手稿以及照片,还有95场华伦天奴时装秀的视频。
> [2012年]瓦伦蒂诺于法国获得了法国的最高等级的荣誉勋章——法国艺术文学勋章,法国文化交流部部长 Aurelie Filippetti 亲自为这位意大利的服装设计师举行了授勋仪式。

本章小结

本章以着装场合、时间、用途、风格对礼服进行分类,从礼服设计的特定性、价值性、适体性、审美性和工艺性方面掌握礼服设计原则。此外,了解礼服设计构思途径和灵活应用设计要素都是本章的学习重点。

思考与练习

1. 试着采用三个颜色为某一款礼服进行配色练习,要求完成三款新的色彩搭配设计,三个颜色可以是同一色、类似色、互补色和对比色。
2. 模拟为一场在中国召开的国际会议设计男女晚宴礼服各一套,包括灵感来源、主题构思等内容。
3. 为明年春夏的婚纱流行趋势,拟定一个主题并设计造型不同的5款新娘婚礼服。

参 考 文 献

[1] 沈雷.针织内衣设计[M].北京:中国纺织出版社,2001.
[2] 宋晓霞.针织服装设计[M].北京:中国纺织出版社,2001.
[3] 王勇.针织服装设计[M].上海:东华大学出版社,2009.
[4] 郭凤芝.针织服装设计基础[M].北京:化学工业出版社,2008.
[5] 薛福平.针织服装设计概论[M].2版.北京:中国纺织出版社,2008.
[6] 倪军,李艳艳.针织服装产品设计[M].上海:东华大学出版社,2011.
[7] 陈继红.针织成型服装设计[M].上海:东华大学出版社,2011.
[8] 刘晓刚.时装设计艺术[M].上海:中国纺织大学出版社,1997.
[9] 包铭新等.北欧皮草服饰[M].上海:上海科学技术文献出版社,2003.
[10] 陈莹.毛皮服装设计与工艺[M].北京:中国纺织出版社,2000.
[11] 刘元风,胡月.服装艺术设计[M].北京:中国纺织出版社,2006.
[12] 赖涛.服装设计基础[M].北京:高等教育出版社,2001.
[13] 王悦.毛皮女装设计[M].北京:高等教育出版社,2012.
[14] 刁梅.毛皮与毛皮服装创新设计[M].2版.北京:中国纺织出版社,2011.
[15] 布莱斯勒 K W,纽曼 C.百年内衣[M].北京:中国纺织出版社,2000.
[16] 罗莹.贴心时尚内衣设计[M].北京:中国纺织出版社,1999.
[17] 孙恩乐.内衣设计[M].北京:中国纺织出版社,2012.
[18] 国家职业分类大典和职业资格工作委员会.中华人民共和国职业装分类大典[M].北京:中国劳动社会保障出版社,1999.
[19] 中国职业装网,www.cnzyzw.com
[20] 单文霞,张竞琼.现代职业装设计导论[M].上海:中国纺织大学出版社,2001.
[21] 季兴泉.职业装设计艺术[M].上海:中国纺织大学出版社,1999.
[22] 王永进,李玮.实用职业服设计[M].北京:中国纺织出版社,2000.
[23] 刘青林.职业服装设计[M].济南:山东美术出版社,2003.
[24] 潘坤柔,许竞嵘,史帝可 P.职业服装设计实务[M].广州:岭南美术出版社,2005.
[25] 熊晓燕,江平.服装专题设计[M].北京:高等教育出版社,2005.
[26] 邹游.职业装设计[M].北京:中国纺织出版社,2007.
[27] 刘晓刚.服装设计师手册[M].北京:中国建筑工业出版社,2005.
[28] 刘晓刚,王俊,顾雯.流程·决策·应变——服装设计方法论[M].北京:中国纺织出版社,2009.
[29] 格里菲斯 T R.舞台艺术[M].孙大庆,译.北京:中国纺织出版社,2000.
[30] 潘健华.舞台服装设计与技术[M].北京:文化艺术出版社,2000.

［31］谭元杰.戏曲服装设计［M］.北京:文化艺术出版社,2000.
［32］潘健华.演艺服装设计［M］.北京:中国轻工业出版社,2001.
［33］潘健华.服装设计与技术［M］.北京:文化艺术出版社,2005.
［34］陈长敏.服装专题设计［M］.北京:高等教育出版社,2000.
［35］格兰特 N.演艺的历史［M］.太原:希望出版社,2005.
［36］齐静.演艺服装设计［M］.沈阳:辽宁美术出版社,2014.
［37］刘晓刚.专项服装设计［M］.上海:东华大学出版社,2008.
［38］魏经等.礼服设计与立体造型［M］.北京:中国纺织出版社,2011.
［39］王健.礼服设计［M］.北京:化学工业出版社,2012.
［40］徐子淇.礼服设计［M］.沈阳:辽宁科学技术出版社,2012.
［41］服装图书策划组.设计中国·礼服篇［M］.北京:中国纺织出版社,2008.

后　　记

在具体项目实践中发现，服装行业领域中的比赛服装设计、演艺服装设计、公益服装设计还未有系统的研究，可以参考借鉴的资料也比较少，但其重要性不容忽视。除此之外，针织服装、毛皮服装、内衣、职业制服和礼服设计领域的设计要求越来越高，受到更多的关注。目前专项服装设计领域的现状存在不尽如人意的地方，本书归纳和提炼了相关定义、发展现状、特征分类、设计方法等内容，旨在为初次接触该专项设计领域的学生、各专项服装设计领域的专业人士，就如何认识、梳理、掌握和提升专项服装设计能力，推动国内专项服装行业发展提供一些思路和方法。

本书的完成需要感谢东华大学服装学院博士研究生张颖、幸雪，硕士研究生商斯云，本科生刘晶晶、陈彦静婷、张语词、须文洁，东华大学服装学院硕士、婚纱设计师洪洁，他们为此书做了大量的资料整理和图片收集工作。

作者

2015 年 4 月于东华园